Wissenschaftliche Reihe Fahrzeugtechnik Universität Stuttgart

Herausgegeben von
M. Bargende, Stuttgart, Deutschland
Hans-Christian Reuss, Stuttgart, Deutschland
J. Wiedemann, Stuttgart, Deutschland

Das Institut für Verbrennungsmotoren und Kraftfahrwesen (IVK) an der Universität Stuttgart erforscht, entwickelt, appliziert und erprobt, in enger Zusammenarbeit mit der Industrie, Elemente bzw. Technologien aus dem Bereich moderner Fahrzeugkonzepte. Das Institut gliedert sich in die drei Bereiche Kraftfahrwesen, Fahrzeugantriebe und Kraftfahrzeug-Mechatronik. Aufgabe dieser Bereiche ist die Ausarbeitung des Themengebietes im Prüfstandsbetrieb, in Theorie und Simulation. Schwerpunkte des Kraftfahrwesens sind hierbei die Aerodynamik, Akustik (NVH). Fahrdynamik und Fahrermodellierung, Leichtbau, Sicherheit, Kraftübertragung sowie Energie und Thermomanagement – auch in Verbindung mit hybriden und batterieelektrischen Fahrzeugkonzepten.

Der Bereich Fahrzeugantriebe widmet sich den Themen Brennverfahrensentwicklung einschließlich Regelungs- und Steuerungskonzeptionen bei zugleich minimierten Emissionen, komplexe Abgasnachbehandlung, Aufladesysteme und -strategien, Hybridsysteme und Betriebsstrategien sowie mechanisch-akustischen Fragestellungen.

Themen der Kraftfahrzeug-Mechatronik sind die Antriebsstrangregelung/Hybride, Elektromobilität, Bordnetz und Energiemanagement, Funktions- und Softwareentwicklung sowie Test und Diagnose.

Die Erfüllung dieser Aufgaben wird prüfstandsseitig neben vielem anderen unterstützt durch 19 Motorenprüfstände, zwei Rollenprüfstände, einen 1:1-Fahrsimulator, einen Antriebsstrangprüfstand, einen Thermowindkanal sowie einen 1:1-Aeroakustikwindkanal.

Die wissenschaftliche Reihe „Fahrzeugtechnik Universität Stuttgart" präsentiert über die am Institut entstandenen Promotionen die hervorragenden Arbeitsergebnisse der Forschungstätigkeiten am IVK.

Herausgegeben von

Prof. Dr.-Ing. Michael Bargende
Lehrstuhl Fahrzeugantriebe,
Institut für Verbrennungsmotoren und
Kraftfahrwesen, Universität Stuttgart
Stuttgart, Deutschland

Prof. Dr.-Ing. Jochen Wiedemann
Lehrstuhl Kraftfahrwesen,
Institut für Verbrennungsmotoren und
Kraftfahrwesen, Universität Stuttgart
Stuttgart, Deutschland

Prof. Dr.-Ing. Hans-Christian Reuss
Lehrstuhl Kraftfahrzeugmechatronik,
Institut für Verbrennungsmotoren und
Kraftfahrwesen, Universität Stuttgart
Stuttgart, Deutschland

Eugen Sworowski

Ganzheitliche Methodik zur Analyse und Kompensation von ansteuerungsbedingten Störungen im Regelkreis permanenterregter Synchronmaschinen

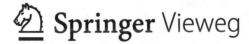 Springer Vieweg

Eugen Sworowski
Schwäbisch-Gmünd, Deutschland

Zugl.: Dissertation Universität Stuttgart, 2014

ISBN 978-3-658-07449-4   ISBN 978-3-658-07450-0 (eBook)
DOI 10.1007/978-3-658-07450-0

Die Deutsche Nationalbibliothek verzeichnet diese Publikation in der Deutschen Nationalbibliografie; detaillierte bibliografische Daten sind im Internet über http://dnb.d-nb.de abrufbar.

Springer Vieweg

Gedruckt auf säurefreiem und chlorfrei gebleichtem Papier

Springer Fachmedien Wiesbaden ist Teil der Fachverlagsgruppe
Springer Science+Business Media
(www.springer.com)

Vorwort

Die vorliegende Arbeit entstand während meiner Tätigkeit als Doktorand bei der Firma ZF Lenksysteme GmbH in Kooperation mit dem Forschungsinstitut für Kraftfahrwesen und Fahrzeugmotoren Stuttgart.

Dem Referenten Herrn Professor Dr.-Ing. Hans-Christian Reuss danke ich sehr herzlich für sein Interesse an der Arbeit, seine Anregungen und seine Unterstützung bis zum Abschluss. Frau Prof. Dr.-Ing. Nejila Parspour danke ich für die Übernahme des Korreferats.

Der ZF Lenksysteme GmbH danke ich für die Möglichkeit zur Durchführung dieser Arbeit. Für die Anregungen zu dem Thema und die gute Zusammenarbeit möchte ich mich besonders bei Herrn Dipl.-Ing. Thomas Pötzl bedanken.

Allen Mitarbeiterinnen und Mitarbeitern der Abteilung "Entwicklung Hardware" danke ich für die gute und angenehme Zusammenarbeit. Besonders möchte ich mich bei den Herren Dipl.-Ing. Thomas Kühnhöfer und Dr.-Ing. Alexander Krautstrunk bedanken.

Mein anerkennender Dank gilt allen Studenten, die mit ihren Studien- und Diplomarbeiten einen wesentlichen Beitrag zu dieser Arbeit geleistet haben.

Schließlich bedanke ich mich bei meinen Eltern und meinem Bruder für ihre Anteilnahme. Mein größter Dank gilt meiner Frau Yvonne. Für ihre unerschöpfliche Geduld, Zuversicht und moralische Unterstützung danke ich ihr besonders herzlich.

Eugen Sworowski

Kurzfassung

Die vorliegende Arbeit befasst sich mit ansteuerungsbedingten Störungen im Regelkreis permanenterregter Synchronmaschinen.

Es wird eine Methodik zur einheitlichen Beschreibung solcher Störungen angegeben. Die Schwerpunkte liegen dabei auf der Berücksichtigung der Feldschwächung und des Stromregelkreises. Damit wird es möglich Störungen vom Stillstand der Maschine bis zu hohen Drehzahlen mit Feldschwächung durchgängig zu beschreiben. Durch Berücksichtigung des Stromregelkreises können präzisere Aussagen über die Notwendigkeit von Kompensationen getroffen werden.

Anhand dieser Methodik erfolgt die Entwicklung von Kompensationen für relevante Störungen dieser Arbeit. Hierzu zählen die Offset- und Verstärkungsstörungen der Strommessung, Ordnungsstörungen des Rotorlagewinkels und Störungen durch Schutzzeiten des Wechselrichters.

Zur Kompensation der Offset- und Verstärkungsstörungen wird ein Luenberger-Beobachter eingesetzt. Dieser wird so erweitert, dass eine Kompensation trotz Sollwertsprünge des Regelkreises gegeben ist. Für die Kompensation von Ordnungsstörungen im Rotorlagewinkel wird ein neues Konzept erarbeitet. Das Konzept ist von der Anzahl unterschiedlicher Ordnungen im Rotorlagewinkel unabhängig und ist im Feldschwächbereich anwendbar. Die Kompensation der Störungen durch Schutzzeiten des Wechselrichters erfolgt durch Erweiterung eines bekannten Konzepts. Das bekannte Konzept setzt hohe Abtastzeiten voraus. Die vorgestellte Erweiterung ermöglicht eine effektive Kompensation trotz niedriger Abtastzeiten.

Die Beschreibungen der Störungen nach vorgestellter Methodik und die Wirkung der Kompensationen werden durch Simulation sowie Messungen an einer Modellanlage bestätigt.

Abstract

The presented work deals with controller induced distortions in the closed loop system for permanent magnet synchronous machines.

For the first time, a systematic and unique description of such distortions is presented. The main focus is hereby on the field weakening region and on the closed loop system. This allows a universal description of distortions from the machine's standstill up to high speeds with field weakening. By taking the closed loop system into account more precise statements about the need for compensation can be made.

The development of compensation for work-related distortions is presented in this thesis. The work-related distortions are offset and gain errors of the current measurement, order distortions of the rotor position angle and dead time of the inverter.

To compensate the offset and gain related errors of the current measurement, a Luenberger observer is used. In this work, the observer is enhanced so that compensation is given despite of the alternating reference values in the control loop. For the compensation of order distortions of the rotor position angle, a new concept is developed. The concept is independent from the amount of distortion orders in the rotor angle position and is also applicable in the field weakening. The compensation of the inverter dead time is done by enhancing a known concept, which requires high sampling rates. The introduced enhancement allows an effective compensation despite of the low sampling rates.

The distortions' descriptions according to the introduced methodology and the effect of compensation are confirmed by simulation and measurements on a real test bench.

Inhaltsverzeichnis

Abbildungsverzeichnis

Abkürzungsverzeichnis

Abkürzungen, Definitionen

AMR	Anisotrop magnetoresistiv
EPS	Electric Power Steering
FOR	Feldorientierte Regelung
ILC	Iterative Learning Control
PI	Proportional-Integral
PMSM	Permanentmagnet-Synchronmotor
PWM	Pulsweitenmodulation
STFT	Short-Time Fourier Transform
Grunddreh-zahlbereich	Ohne einen negativen Längsstrom erreichbare Drehzahlen einer PMSM bei gegebener Zwischenkreisspannungsbegrenzung
Feldschwäch-bereich	Nur durch einen negativen Längsstrom erreichbare Drehzahlen einer PMSM bei gegebener Zwischenkreisspannungsbegrenzung

Formelzeichen

A, B, C	Systemmatrizen der PMSM in der Zustandsraumdarstellung
A_b, B_b, C_b	Systemmatrizen des Luenberger-Beobachters der PMSM
a_k	Amplitude der k-ten Ordnung im Rotorlagewinkel
D_x, D_y	Freilaufdioden im Wechselrichter
$F(j \cdot \omega_{FOR})$	Führungsübertragungsfunktion
F_{gain}	Mit der Störübertragungsfunktion gewichtete Amplitude der Verstärkungsstörungen
F_{offset}	Mit der Störübertragungsfunktion gewichtete Amplitude der Offsetstörungen
$G(j \cdot \omega_{FOR})$	Übertragungsfunktion der PMSM
$\hat{I}$	Maximal zulässiger Phasenstrom der PMSM
i_{abc}	Phasenströme der PMSM, abgekürzte Schreibweise für i_a, i_b, i_c
i_{abc_mess}	Gemessene Phasenströme der PMSM
I_{Batt}	Aufnahmestrom des elektrischen Antriebs

$\underline{i}_{dq}$	Komplexer Stromraumzeiger im dq-System mit den reellen Komponenten i_d und i_q
$\underline{i}_{dq}{}^{*}$	Störung des komplexen Stromraumzeigers der PMSM
$\underline{i}_{dq\_ref}$	Referenzwert für den komplexen Stromraumzeiger der PMSM
$\underline{i}_{dq\_err}$	Störung des komplexen Stromraumzeigers durch ein verfälschtes Rotorlagesignal
$\underline{i}_{dq\_gain}$	Störung des komplexen Stromraumzeigers durch eine verfälschte Verstärkung der Strommessung
$\underline{i}_{dq\_mess}$	Gemessene Motorströme als komplexer Stromraumzeiger
$\underline{i}_{dq\_mess\_b}$	Vom Luenberger-Beobachter berechnete Motorströme als komplexer Stromraumzeiger
$\underline{i}_{dq\_offset}$	Störung des komplexen Stromraumzeigers durch einen verfälschten Offset der Strommessung
$\underline{i}_{dq\_rad\_6}$	Störung des komplexen Stromraumzeigers durch Schutzzeiten des Wechselrichters trotz Kompensation
$\hat{I}_{gain}$	Amplitude der Störung durch eine verfälschte Verstärkung der Strommessung
$\hat{I}_{offset}$	Amplitude der Störung durch einen verfälschten Offset der Strommessung
k	Ordnung des Polynoms zur Approximation des Rotorlagewinkels
K_{ab}	Verstärkungsfaktoren der Phasen a und b
K_i	Faktor des Integratoranteils im PI-Regler
k_{max}	Maximale Ordnung des Polynoms zur Approximation des Rotorlagewinkels
K_p	Faktor des Proportionalanteils im PI-Regler
$\mathbf{l}_0$	Vektor zur Gewichtung der gemessenen Ströme für die Rückführung zum Luenberger-Beobachter
L_d, L_q, L	Längs- und Querinduktivität der PMSM sowie die einheitliche Induktivität bei Oberflächenmagneten
$\mathbf{M}$	Matrix mit den Zeitpunkten der Abtastungen über die letzte Rotorumdrehung
$\mathbf{M}_{fix}$	Matrix mit den Zeitpunkten der Abtastungen über die letzte Rotorumdrehung einer festen Dimension
M_{ist}	Abgegebenes Moment der PMSM
M_{ref}	Referenzmoment für die PMSM
n_1	Aktuelle Abtastung
n_{fix}	Feste Anzahl von Abtastungen des Rotorlagewinkels über eine Rotorumdrehung

n_{rev}	Anzahl der Abtastungen während der letzten Rotorumdrehung
o	Ordnung des Polynoms zur Approximation des Rotorlagewinkels
p	Vektor der Koeffizienten des Polynoms P
P	Polynom zur Approximation des Rotorlagewinkels
$P(n_1)$	Kompensierter Rotorlagewinkel bei der aktuellen Abtastung
p_1, p_2, p_3	Koeffizienten des Polynoms P
$P_1\text{-}P_6$	Pulsmuster zur Ansteuerung der Halbleiterschalter des Wechselrichters
I	Einheitsmatrix
R	Statorwiderstand
$R(j \cdot \omega_{FOR})$	Übertragungsfunktion des Reglers mit Approximation der Abtastzeit
$S(j \cdot \omega_{FOR})$	Störübertragungsfunktion
t_1	Aktuelle Zeit
T_a	Abtastzeit
T_{PWM}	Pulsdauer der PWM
t_{rev}	Dauer einer Rotorumdrehung
T_s	Schutzzeit
u_{0abc}	Phasenspannungen zur Ansteuerung der PMSM, abgekürzte Schreibweise für u_{0a}, u_{0b}, u_{0c}
u_{0abc}^*	Gestörte Phasenspannungen zur Ansteuerung der PMSM ohne Kompensation
u_{0abc_k}	Phasenspannungen zur Kompensation der Schutzzeiten
$u_{0abc\_k\_Ta}$	Phasenspannungen zur Kompensation der Schutzzeiten für niedrige Abtastzeiten
u_{0abc_rad}	Störung der Phasenspannungen trotz Kompensation
u_{0abc_ref}	Referenzwerte für die Phasenspannungen zur Ansteuerung der PMSM
u_{abc}	Strangspannungen der PMSM
u_{abc}^*	Aufgrund der Schutzzeit gestörte Strangspannungen der PMSM
U_{Batt}	Batteriespannung / Zwischenkreisspannung
$\underline{u}_{dq}$	Komplexer Spannungsraumzeiger im dq-System mit den reellen Komponenten u_d und u_q
$\underline{u}_{dq}^*$	Störung des komplexen Spannungsraumzeigers
$\underline{u}_{dq6}^*$	Sechste Ordnung der Fourierreihe der Störungen durch die Schutzzeit
$\underline{u}_{dq\_err}$	Störung des komplexen Spannungsraumzeigers durch ein verfälschtes Rotorlagesignal

$\underline{u}_{dq\_rad}$	Störung des komplexen Spannungsraumzeigers trotz Kompensation
U_{ind}	Die vom Permanentmagneten in die Statorwicklungen induzierte Spannung
v_1, v_2	Parameter zur Einstellung von Kompensationsspannungen
$V_s(v_1, v_2)$	Integral zur Bewertung verschiedener Kompensationsspannungen
$\mathbf{x}$	Zustandsvektor der PMSM in Zustandsraumdarstellung
$\mathbf{x_b}$	Zustandsvektor des Luenberger-Beobachters
Z_p	Polpaarzahl der PMSM
ΔI_{ab}	Offsetwerte der Phasen a und b
θ^*	Störungen im Rotorlagewinkel
θ_{el}	Elektrischer Rotorlagewinkel
θ_{el_Ta}	Abgetasteter elektrischer Rotorlagewinkel
$\boldsymbol{\theta_{fix}}$	Vektor einer festen Dimension mit den über die letzte Rotorumdrehung abgetasteten Rotorlagewinkeln
θ_{mech}	Mechanischer Rotorlagewinkel
θ_{mess}	Gemessener Rotorlagewinkel
$\theta_{mess}(n)$	Gemessener Rotorlagewinkel zum jeweiligen diskreten Zeitpunkt n.
$\boldsymbol{\theta_{mess\_vek}}$	Vektor mit den über die letzte Rotorumdrehung abgetasteten Rotorlagewinkeln
φ	Feldschwächwinkel
φ_{Ta}	Feldschwächwinkel berechnet aus abgetasteten Motorströmen und abgetastetem Rotorlagewinkel
Ψ_{PM}	Magnetischer Fluss des Permanentmagneten
ω_{el}	Elektrische Winkelgeschwindigkeit des Rotors
ω_{FOR}	Winkelgeschwindigkeit im komplexen Stromregelkreis der PMSM
ω_{mech}	Mechanische Winkelgeschwindigkeit des Rotors

1 Einleitung

In modernen Fahrzeugen wird die elektromechanische Lenkung zunehmend eingesetzt. Diese bieten je nach Fahrzeugkonfiguration und Fahrzyklus ein Kraftstoffeinsparpotential von bis zu 0,4l/100km im Vergleich zur Zahnstangenhydrolenkung. Weiterhin ermöglicht die Vorgabe von fahrerunabhängigen Lenkeingriffen neue funktionale Freiheitsgrade auf Gesamtfahrzeugebene. Dadurch können in Verbindung mit entsprechender Fahrzeugumfeldsensorik verschiedenste innovative Fahrerassistenz- und Fahrerinformationssysteme wie beispielsweise Parklenkassistent oder Lane-Departure-Warning realisiert werden [1]. Somit ist der Einsatz der elektromechanischen Lenkung durch die immer höheren Anforderungen an Verbrauchs-/Emissionsreduzierung und durch die steigenden Anforderungen an Komfort und Sicherheit vorteilhaft [12].

Die Lenkunterstützung des Fahrers erfolgt bei der elektromechanischen Lenkung über einen elektrischen Antrieb. Dieser ist aufgrund der direkten mechanischen Verbindung zum Lenkrad mitentscheidend für das Lenkgefühl und damit für die Wahrnehmung durch den Fahrer. Für eine stabile Lenkungsreglung muss der elektrische Antrieb sehr hohe Anforderungen an die Dynamik des abgegebenen Drehmoments bei stark unterschiedlichen Drehzahlen erfüllen. Gleichzeitig sind eine hohe Drehmomentqualität zur Erzielung einer stetigen, gleichförmigen Lenkkraftunterstützung sowie eine hohe Laufruhe des Motors für ein gutes akustisches Verhalten der Lenkung notwendig [12].

Zusätzlich zu den Anforderungen an das abgegebene Drehmoment wird, insbesondere im Automotivbereich, eine Kostensenkung von Generation zu Generation bei steigender Funktionalität gefordert. Dies führt zu Lösungen, die nur in der Gesamtkombination aus Hardware und Software die Anforderungen erfüllen. So weist die eingesetzte Hardware unter Umständen parasitäre Effekte auf, die sich in Form von Störungen auf den Regelkreis und somit auf das abgegebene Drehmoment auswirken. Das ergibt wiederum eine ungleichmäßige Momentabgabe und folglich akustische und haptische Auffälligkeiten. Um dem entgegenzuwirken werden üblicherweise Kompensationen in Form von Software eingesetzt und so die Anforderungen auf Systemlevel erreicht.

Vor dem Hintergrund der Elektromobilität, mit teilweise fehlender akustischer Überdeckung durch einen Verbrennungsmotor, steigt der Anspruch an die akustische Wahrnehmung der Lenkung. Dadurch sind immer effektivere Kompensationen notwendig. Der derzeitige Stand der Technik beschreibt Störungen im Regelkreis elektrischer Antriebe und gibt Konzepte zu deren Kompensation an. Diese erfüllen jedoch nicht vollständig die Anforderungen für den Einsatz in zukünftigen Lenksystemen.

Die Beschreibungen der Störungen nach dem Stand der Technik sind auf den Grunddrehzahlbereich eingeschränkt und klammern hohe Drehzahlen im Feldschwächbereich aus. Besonders diese stellen jedoch in einem Lenksystem einen wichtigen Betriebspunkt dar [12]. Simulationsergebnisse in [29] geben einen Hinweis, dass Störungen sich zwischen Grunddrehzahl- und Feldschwächbereich unterscheiden können. Weitere Untersuchungen, Begründungen oder analytische Herleitungen zu Störungen im Feldschwächbereich fehlen. Weiterhin wird in der Literatur der Einfluss des Regelkreises auf Störungen ausgelassen. Dies kann bei niedrigen Drehzahlen oder Störungen niedriger Frequenzen zulässig sein. Wie später gezeigt wird, muss in bestimmten Fällen der Regelkreis einbezogen werden, um die Störungsamplituden in allen Betriebspunkten erklären zu können. Ferner sind vorhandene Beschreibungen der Störungen problemspezifisch formuliert. Dadurch lassen sich Störungen unterschiedlicher Ursachen nur schwer miteinander vergleichen. Insbesondere der Einfluss der Feldschwächung auf unterschiedliche Störungen kann nicht abgesehen werden.

Die in der Literatur angegebenen Vorschläge zur Kompensation der Störungen sind ebenfalls nicht hinreichend. Teilweise sind diese nicht für die nötigen Betriebsbereiche eines elektrischen Lenksystems ausgelegt. Teilweise wird Sensorik vorausgesetzt, die bei einem Einsatz im Lenksystem aus Kosten- oder Packagegründen nicht vorhanden ist. Oder es werden sehr hohe Abtastraten der Motoransteuerung angenommen, die hier ebenfalls nicht realisierbar sind.

Folglich gestaltet sich nach dem Stand der Technik eine effektive und robuste Kompensation der Störungen als schwierig. Einerseits weil vorhandene Konzepte nicht direkt übernommen werden können, andererseits weil eine vollständige und einheitliche Beschreibung der Störungen fehlt. Aus dieser Diskrepanz leiten sich die Ziele dieser Arbeit ab.

Zunächst muss der Stand der Technik aufgearbeitet werden. Hierzu wird in Kapitel 2 der elektrische Antrieb für den Einsatz in einem Lenksystem vorgestellt, relevante Störungen werden definiert und auf Lücken in der Literatur bezüglich ihrer Beschreibung und Kompensation wird verwiesen.

Weiterhin ist eine Methodik zur Beschreibung der definierten Störungen so abzuleiten, dass diese eine einheitliche Behandlung unterschiedlicher Störungen erlaubt und dabei den Einfluss des Regelkreises und hohe Drehzahlen bis zur Feldschwächung berücksichtigt. In Kapitel 3 wird eine solche Methodik vorgestellt und die definierten Störungen werden beschrieben.

Mit Hilfe der Störungsbeschreibungen sind neue Kompensationen für den Einsatz in einem Lenksystem zu entwickeln. Diese werden in Kapitel 4 vorgestellt.

Schließlich müssen die hier eingeführten Beschreibungen und Kompensationen evaluiert werden. Hierzu ist eine Simulation zu entwickeln und eine Modellanlage aufzubauen, anhand welcher die Evaluierung durchgeführt werden kann.

In Kapitel 5 ist der Aufbau der Simulation und Modellanlage angegeben. In Kapitel 6 erfolgen dann die Evaluierung durch Durchführung der Messungen und Diskussion der Ergebnisse. Den Abschluss bildet Kapitel 7 mit einer Zusammenfassung der gewonnenen Erkenntnisse.

2 Stand der Technik

In diesem Kapitel wird zunächst das dieser Arbeit zugrundeliegende System vorgestellt, Abschnitt 2.1. Es handelt sich dabei um einen elektrischen Antrieb für den Einsatz in einer elektromechanischen Lenkung (engl. Electric Power Steering - EPS). Denkbar sind aber auch elektrische Antriebe anderer Anwendungen, wie z.B. Traktionsmaschinen in Hybrid- oder Elektrofahrzeugen. Weiterhin werden in Abschnitt 2.2 die für diese Arbeit relevanten Störungen definiert und abgegrenzt.

2.1 Das zugrundeliegende System

Der elektrische Antrieb eines Lenksystems zeichnet sich u.a. durch eine hohe Dynamik des abgegebenen Moments bei gleichzeitig hohen Anforderungen an die Momentqualität aus. Weiterhin ist aufgrund des begrenzten Bauraums im Fahrzeug eine möglichst kompakte Ausführung vorteilhaft. Diese Anforderungen grenzen die Komponentenauswahl des Antriebs entsprechend ein. Im folgenden Abschnitt 2.1.1 werden die Komponenten vorgestellt und Systemgrenzen definiert. Anschließend geht der Abschnitt 2.1.2 auf die Regelung des abgegebenen Moments ein.

2.1.1 Systemgrenzen und Komponenten

Das zugrundeliegende System ist schematisch in Abbildung 1 dargestellt.

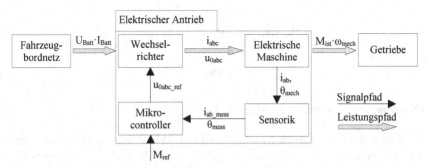

Abbildung 1: Komponenten des elektrischen Antriebs

Neben dem elektrischen Antrieb sind das Fahrzeugbordnetz und Getriebe abgebildet. Der elektrische Antrieb nimmt zur Unterstützung des Fahrers elektrische Leistung aus dem Fahrzeugbordnetz auf und gibt diese in mechanischer Form an das Lenkgetriebe ab. Dabei stellt das Fahrzeugbordnetz die benötigte Leistung jederzeit in Form der Spannung U_{Batt} und des vom elektrischen Antrieb benötigten Stroms I_{Batt} zur Verfügung. Das Getriebe nimmt die mechanische Leistung in Form des abgegebenen Motormoments M_{ist} und der mechanischen Winkelgeschwindigkeit ω_{mech} auf. Das von der Motoransteuerung einzuregelnde Referenzmoment M_{ref} wird von außen vorgegeben. Die Leistungsaufnahme, die Leistungsabgabe und das Referenzmoment bilden die Systemgrenzen und sind damit definiert.

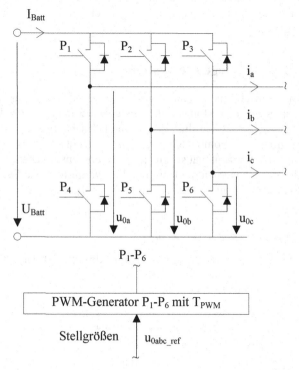

Abbildung 2:   Schematischer Aufbau des Wechselrichters

Der elektrische Antrieb wird entsprechend Abbildung 1 in vier Komponenten unterteilt: Den Wechselrichter, die elektrische Maschine, die Sensorik und den Mikrocontroller. Mit Hilfe des Wechselrichters werden aus der Spannung U_{batt} des Fahrzeugbordnetzes drei Phasenspannungen u_{0abc} zur Ansteuerung der elektrischen Maschine generiert, Abbildung 2.

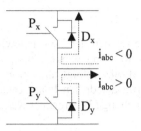

Abbildung 3:   Stromfluss in einem Wechselrichterzweig während der Schutzzeit

Dies erfolgt durch Pulsweitenmodulation (PWM) mit einer konstanten Pulsdauer T_{PWM} und entsprechend der von der Regelstrategie vorgegebenen Stellgrößen u_{0abc_ref}. Hierzu werden die Stellgrößen im Block PWM-Generator in die Pulsmuster P_1-P_6 umgerechnet und damit die Halbleiterschalter des Wechselrichters angesteuert. Zur Vermeidung von Kurzschlüssen im Wechselrichter muss zwischen den Schaltvorgängen komplementärer Schalter eine Schutzzeit T_s eingehalten werden. Während der Schutzzeit sind beide Schalter eines Wechselrichterzweigs nicht leitend. Die eingeprägten Motorströme i_{abc} fließen dabei in Abhängigkeit der Stromrichtung über eine der beiden Freilaufdioden D_x oder D_y. In dieser Arbeit ist die Stromrichtung zur Maschine als die positive Stromrichtung definiert. Folglich erfolgt der Stromfluss über die Sperrdiode D_y bei positiver Stromrichtung und entsprechend über Sperrdiode D_x bei negativer Stromrichtung, Abbildung 3.

Als elektrische Maschine kommt eine permanenterregte Synchronmaschine (PMSM) mit Oberflächenmagneten zum Einsatz. Die PMSM besitzt ein im Stator eingebrachtes dreiphasiges, symmetrisches Wicklungssystem, welches entweder als Dreieckschaltung oder als Sternschaltung ohne Sternpunktleiter realisiert ist. Der Statorwiderstand des Wicklungssystems wird mit R angegeben. Die Längs- und Querinduktivität L_d und L_q sind bei Maschinen mit Oberflächenmagneten gleich groß und können mit einer einheitlichen Induktivität L bezeichnet werden. Im Rotor werden Permanentmagnete für den Aufbau des Erregerflusses Ψ_{PM} eingesetzt. Diese weisen gegenüber dem Stator den mechanischen Rotorlagewinkel θ_{mech} auf. Der für die Regelung notwendige elektrische Rotorlagewinkel θ_{el} ist über die Polpaarzahl Z_p mit dem mechanischen Rotorlagewinkel nach (1) verknüpft.

$$\theta_{el} = Z_p \theta_{mech} \tag{1}$$

Im Betrieb weist die PMSM die mechanische Winkelgeschwindigkeit ω_{mech} auf. Diese ist analog zum Rotorlagewinkel (1) über die Polpaarzahl mit der elektrischen Winkelgeschwindigkeit ω_{el} verknüpft. Die Beziehung zwischen der Winkelgeschwindigkeit und dem Rotorlagewinkel ist in (2) angegeben.

$$\theta_{mech} = \omega_{mech}t \; ; \; \theta_{el} = \omega_{el}t \qquad\qquad (2)$$

Zur Regelung der Maschine werden der Rotorlagewinkel und die Motorströme erfasst. Die Erfassung des Rotorlagewinkels θ_{mech} erfolgt über einen AMR-Sensor. Die Erfassung der Ströme erfolgt über zwei Shunt-Widerstände in den Phasen a und b. Der Strom in der dritten Phase c kann in einem System ohne Sternpunktleiter mit der Beziehung (3) berechnet werden.

$$i_c = -i_a - i_b \qquad\qquad (3)$$

Die von der Sensorik erfassten Messwerte entsprechen im Allgemeinen nicht denen in der PMSM vorliegenden Größen und werden im Weiteren als die Messgrößen θ_{mess} und i_{ab_mess} bezeichnet.

Der Mikrocontroller mit Umsetzung der Regelstrategie weist eine Abtastzeit T_a auf. Die Messwerte θ_{mess} und i_{ab_mess} werden mit dieser Abtastzeit eingelesen, quantisiert und stehen dann der Regelstrategie zur Verfügung. Entsprechend der Regelstrategie werden aus den Messwerten und dem Referenzmoment M_{ref} die Stellgrößen generiert.

Als Regelstrategie für das abgegebene Moment M_{ist} wird die feldorientierte Regelung (FOR) angewendet. Zum einen ist es mit Hilfe der FOR möglich das Moment unabhängig von der Rotorposition und Drehzahl der Maschine zu regeln. Das erlaubt eine präzise und schnelle Momentregelung in allen Betriebspunkten der Maschine. Zum anderen eignet sich die Strategie besonders wenn eine möglichst oberwellenfreie Momentabgabe erforderlich ist [2], [7].

Die Vorgehensweise zur Anwendung der FOR und Auslegung des Regelkreises werden in zahlreichen Veröffentlichungen diskutiert, beispielsweise [2] - [6]. Der nächste Abschnitt greift die für diese Arbeit notwendigen Zusammenhänge heraus.

2.1.2 Feldorientierte Regelung der PMSM

Die Regelung des abgegebenen Moments erfolgt über die Regelung der Maschinenströme. Die später eingeführten Störungen greifen über den Stromregelkreis in das abgegebene Moment ein. Aus diesem Grund ist das Übertragungsverhalten des Regelkreises für die Beschreibung der Störungen im Moment wesentlich. Für den Entwurf des Stromreglers wird die elektrische Maschine zunächst mit Hilfe der Raumzeigertheorie beschrieben. Es wird angenommen, dass die Voraussetzungen [5] hierfür erfüllt sind.

In diesem Fall können die drei realen Maschinengrößen a, b und c in zwei fiktive, linear unabhängige Größen α und β umgerechnet werden. Die Umrechnung zwischen den abc- und $\alpha\beta$-Größen erfolgt mit der Clarke-Transformation $\mathbf{C}$ [10] bzw. mit deren Inversen $\mathbf{C}^{-1}$ nach (4), hier mit der amplitudeninvarianten Normierung.

$$\begin{pmatrix} x_\alpha \\ x_\beta \end{pmatrix} = \frac{2}{3} \cdot \underbrace{\begin{pmatrix} 1 & -\dfrac{1}{2} & -\dfrac{1}{2} \\ 0 & \dfrac{\sqrt{3}}{2} & -\dfrac{\sqrt{3}}{2} \end{pmatrix}}_{C} \begin{pmatrix} x_a \\ x_b \\ x_c \end{pmatrix} \quad \begin{pmatrix} x_a \\ x_b \\ x_c \end{pmatrix} = \frac{3}{2} \cdot \underbrace{\begin{pmatrix} \dfrac{2}{3} & 0 \\ -\dfrac{1}{3} & \dfrac{\sqrt{3}}{3} \\ -\dfrac{1}{3} & -\dfrac{\sqrt{3}}{3} \end{pmatrix}}_{C^{-1}} \begin{pmatrix} x_\alpha \\ x_\beta \end{pmatrix}$$

$$;\tag{4}$$

Hierbei ist in (4) die Variable x durch Ströme i oder Spannungen u zu ersetzen. Die αβ-Größen werden weiter in die rotorfesten Größen d und q umgerechnet. Die Umrechnung erfolgt mit der Park-Transformation **P** [11] bzw. mit deren Inversen **P**⁻¹ nach (5).

$$\begin{pmatrix} x_d \\ x_q \end{pmatrix} = \underbrace{\begin{pmatrix} \cos(\theta_{el}) & -\sin(\theta_{el}) \\ \sin(\theta_{el}) & \cos(\theta_{el}) \end{pmatrix}}_{\mathbf{P}} \begin{pmatrix} x_\alpha \\ x_\beta \end{pmatrix} \quad \begin{pmatrix} x_\alpha \\ x_\beta \end{pmatrix} = \underbrace{\begin{pmatrix} \cos(\theta_{el}) & \sin(\theta_{el}) \\ -\sin(\theta_{el}) & \cos(\theta_{el}) \end{pmatrix}}_{\mathbf{P}^{-1}} \begin{pmatrix} x_d \\ x_q \end{pmatrix}$$

$$;\tag{5}$$

Hierbei ist auch die Variable x durch Ströme i oder Spannungen u zu ersetzen.

Mit Hilfe der rotorfesten dq-Größen kann die Spannungsgleichung einer PMSM nach (6) beschrieben werden [3].

$$\begin{pmatrix} u_d \\ u_q \end{pmatrix} = R \begin{pmatrix} i_d \\ i_q \end{pmatrix} + L \frac{d}{dt} \begin{pmatrix} i_d \\ i_q \end{pmatrix} + \omega_{el} \begin{pmatrix} -L \cdot i_q \\ \Psi_{PM} + L \cdot i_d \end{pmatrix} \tag{6}$$

Aufgrund der gleichen Längs- und Querinduktivität ist eine alternative Darstellung von (6) als eine komplexe Spannungsgleichung nach (7) möglich [9].

$$\underline{u}_{dq} = \underbrace{R \cdot \underline{i}_{dq} + L \frac{d}{dt} \underline{i}_{dq}}_{1)} + \underbrace{j \cdot \omega_{el} (\Psi_{PM} + L \cdot \underline{i}_{dq})}_{2)} \tag{7}$$

Hierbei stellt 1) das zeitliche Übertragungsverhalten und 2) den Koppelterm zwischen der d- und q-Größe dar. Die komplexen Größen $\underline{u}_{dq}$ und $\underline{i}_{dq}$ setzten sich entsprechend (8) aus den reellen zusammen.

$$\underline{u}_{dq} = u_d + j \cdot u_q \ , \ \underline{i}_{dq} = i_d + j \cdot i_q \tag{8}$$

Der Koppelterm 2) kann aus der Spannungsgleichung (7) herausgerechnet werden, da die Ströme $\underline{i}_{dq}$ und die elektrische Winkelgeschwindigkeit ω_{el} durch Messung bzw. Rechnung zu jeder Zeit bekannt sind [5]. Dies ermöglicht eine entkoppelte Regelung der d- und q-Ströme. Ohne Koppelterm reduziert sich die Spannungsgleichung der PMSM auf die in (9) dargestellte Form.

$$\underline{u}_{dq} = R \cdot \underline{i}_{dq} + L \frac{d}{dt} \underline{i}_{dq} \tag{9}$$

Damit ist die PMSM mit Hilfe der Raumzeigertheorie im rotorfesten dq-System beschrieben und es kann ein Stromregler entworfen werden. Der Entwurf erfolgt hier direkt für den komplexen Strom $\underline{i}_{dq}$, wie in [9] beschrieben. Abbildung 4 zeigt die entsprechende Regelkreisstruktur, wobei alle Größen $\underline{i}_{dq\_ref}$, $\underline{i}_{dq}$ und $\underline{u}_{dq}$ komplex sind.

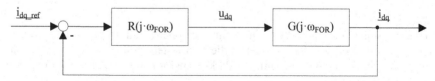

Abbildung 4:   Regelstruktur der FOR

Die Übertragungsfunktion $G(j \cdot \omega_{FOR})$ repräsentiert die Spannungsgleichung (9) im Frequenzraum und ist in (10) angegeben.

$$G(j \cdot \omega_{FOR}) = \frac{1}{R + j \cdot \omega_{FOR} L}$$

$$(10)$$

Mit $R(j \cdot \omega_{FOR})$ kann die Übertragungsfunktion des Reglers festgelegt werden. In dieser Arbeit wird ein PI-Regler verwendet, welcher auf dem Mikrocontroller mit einer Abtastzeit T_a umgesetzt ist. Die Abtastzeit kann im Regler als eine zusätzliche Multiplikation mit einem PT1-Glied approximiert werden [13]. Damit ergibt sich die Übertragungsfunktion des Reglers zu (11).

$$R(j \cdot \omega_{FOR}) = \underbrace{\left(\frac{K_i}{j \cdot \omega_{FOR}} + K_p \right)}_{1)} \cdot \underbrace{\frac{1}{1 + j \cdot \omega_{FOR} T_a}}_{2)}$$

$$(11)$$

Hierbei repräsentiert 1) die Übertragungsfunktion des kontinuierlichen PI-Reglers und 2) die Approximation der Abtastzeit T_a.

Die Führungs- $F(j \cdot \omega_{FOR})$ und Störübertragungsfunktion $S(j \cdot \omega_{FOR})$ des angegebenen Regelkreises sind in (12) und (13) angegeben.

$$F(j \cdot \omega_{FOR}) = \frac{R(j \cdot \omega_{FOR}) G(j \cdot \omega_{FOR})}{1 + R(j \cdot \omega_{FOR}) G(j \cdot \omega_{FOR})}$$

$$(12)$$

$$S(j \cdot \omega_{FOR}) = \frac{G(j \cdot \omega_{FOR})}{1 + R(j \cdot \omega_{FOR}) G(j \cdot \omega_{FOR})}$$

$$(13)$$

Das Übertragungsverhalten der beiden Funktionen ist von den gewählten Reglerparametern K_p und K_i abhängig. In dieser Arbeit werden die Parameter nach dem Betragsoptimum [8] gewählt, Tabelle 1. Dadurch können der Referenzstrom

$\underline{i}_{dq\_ref}$ bis zu möglichst hohen Frequenzen eingeregelt und analog Störungen bis zu möglichst hohen Frequenzen ausgeregelt werden.

Tabelle 1: Einstellung der Reglerparameter nach dem Betragsoptimum

Reglerparameter	Einstellung
K_p	$L/(2T_a)$
K_i	$R/(2T_a)$

Mit den Gleichungen (10) bis (13) sowie der Einstellung der Reglerparameter nach Tabelle 1 sind der Stromregelkreis und das Übertragungsverhalten des elektrischen Antriebs definiert. In den weiteren Rechnungen werden diese so wie vorgestellt vorausgesetzt.

Für die Regelung des abgegebenen Moments ist zuletzt die Beziehung zwischen dem Moment und den Maschinenströmen notwendig. Diese lässt sich unter anderem aus der Leistungsbilanz ableiten [3] und wird hier direkt durch (14) angegeben.

$$M = \frac{3}{2} Z_P \Psi_{PM} \, \text{Im}\{\underline{i}_{dq}\} = \frac{3}{2} Z_P \Psi_{PM} i_q \tag{14}$$

Hierbei gibt $\text{Im}\{\underline{i}_{dq}\}$ den Imaginärteil des komplexen Stroms $\underline{i}_{dq}$ an.

Bei der Einstellung des Querstroms i_q entsprechend dem Referenzmoment M_{ref} muss neben Gleichung (14) auch der Betriebsbereich der PMSM berücksichtigt werden. Dieser kann in den Grunddrehzahl- und den Feldschwächbereich unterteilt werden.

Im Grunddrehzahlbereich wird der Querstrom proportional zum geforderten Moment nach (14) eingestellt. Da der Längsstrom i_d keinen zusätzlichen Anteil zum Moment liefert, wird dieser zu Null geregelt, um die ohmschen Verluste in der Maschine möglichst gering zu halten. Mit zunehmender Drehzahl steigt die vom Permanentmagneten induzierte Spannung an, so dass die Fahrzeugbordnetzspannung U_{Batt} ab einer bestimmten Drehzahl nicht mehr ausreicht, um den gewünschten Querstrom einzuprägen. Infolgedessen sinkt das Moment mit steigender Drehzahl rapide bis auf Null ab, was den Betrieb auf den Grunddrehzahlbereich einschränkt. Um dieser Einschränkung entgegenzuwirken, muss ein negativer Längsstrom zur Feldschwächung des Permanentmagneten eingestellt werden (15).

$$U_{ind} = \omega_{el}(\Psi_{PM} + L \cdot i_d) \tag{15}$$

Dadurch verringert sich die induzierte Spannung U_{ind} und die Einhaltung des vorgegebenen Querstroms ist für höhere Drehzahlen möglich [5]. Der Betriebsbereich mit negativem Längsstrom wird als Feldschwächbereich bezeichnet. Zur Verdeutlichung des Zusammenhangs zwischen den Motorströmen und den beiden Betriebsbereichen der PMSM können die Motorströme $\underline{i}_{dq}$ in der komplexen Ebene als ein Vektor dargestellt werden (16).

$$\underline{i}_{dq} = \hat{I} \cdot e^{j\varphi}; \text{ mit } \hat{I} = \sqrt{i_d^2 + i_q^2} \text{ und } \varphi = \pi + \tan^{-1}\frac{i_q}{i_d} \qquad (16)$$

Hierbei stellt $\hat{I}$ die Amplitude des maximal zulässigen Stroms durch die PMSM dar. Der Winkel φ wird zwischen dem Vektor und der positiven, reellen Achse gebildet.

Aus dem Winkel φ ist die Tiefe der Feldschwächung ersichtlich. Dieser wird im Weiteren als Feldschwächwinkel bezeichnet.

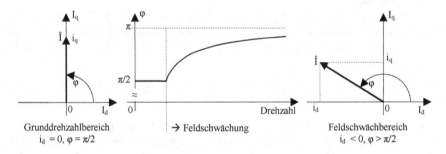

Abbildung 5: Zusammenhang zwischen den Motorströmen $\underline{i}_{dq}$ und den Betriebsbereichen der PMSM

Während der Feldschwächwinkel im Grunddrehzahlbereich konstant den Wert $\varphi = \pi/2$ aufweist, nimmt dieser in der Feldschwächung mit der Drehzahl zu. Das Wachstum ist insbesondere zu Beginn der Feldschwächung stark. Der Feldschwächwinkel steigt hier schnell über eine kurze Drehzahlspanne in Richtung π an, erreicht den Wert aber auch bei hohen Drehzahlen nicht, da aufgrund von Reibung immer ein positiver Anteil im momentbildenden Strom i_q notwendig ist. Abbildung 5 fasst diese Beziehungen zusammen.

Der in Abbildung 5 gezeigte Verlauf des Feldschwächwinkels über der Drehzahl ist typisch für permanenterregte Synchronmaschinen mit Oberflächenmagneten. Wie in Kapitel 3 gezeigt wird, sind Störungen im Regelkreis und somit auch im abgegebenen Moment vom Betriebsbereich der PMSM abhängig. Der nächste Abschnitt geht auf Störungen im Regelkreis permanenterregter Synchronmaschinen ein.

2.2 Störungen im Regelkreis permanenterregter Synchronmaschinen

Aufgrund parasitärer Effekte in den Komponenten des elektrischen Antriebs kommt es zu Störungen im Regelkreis. Diese wirken sich auf die Motorspannungen u_{dq}, die Motorströme i_{dq} und damit über Gleichung (14) auf das abgegebene Moment aus. Unter Störungen werden in dieser Arbeit alle im Moment auftretenden periodischen Schwingungen zusammengefasst. Diese Störungen sind kontinuierlich und nicht durch zufällige Ereignisse getriggert. Damit sind beispielsweise Phasenabrisse, Kurzschlüsse, Bauteilausfälle, defekte Halbleiter usw. ausgeschlossen.

Durch Störungen im abgegebenen Moment können das angeschlossene Getriebe oder weitere Bauteile mechanisch angeregt werden. Liegt die mechanische Anregung im Resonanzbereich des betroffenen Bauteils, kommt es zu einer verstärkten Schwingung dieses Bauteils. Ist die Amplitude groß genug besteht die Möglichkeit, dass die anregende Störung wahrgenommen wird. Ab welcher Amplitudenhöhe das der Fall ist, lässt sich im Allgemeinen nicht definieren. Beispielsweise kann ein elektrischer Antrieb in einem Lenksystem als störend wirken, in einem leicht abgeänderten Lenksystem hingegen auch als unauffällig gelten [12].

Aus diesem Grund ist weniger die absolute Amplitude einer Störung von Interesse, sondern vielmehr der relative Vergleich zwischen Amplituden unterschiedlicher Betriebsbereiche. Weiterhin ist der Einfluss des Stromregelkreises auf die Amplitude interessant, einerseits um unterscheiden zu können, ob eine Änderung auf die Störung selbst zurückzuführen ist, oder ob die Änderung aus dem Regelkreis rührt, andererseits um bewerten zu können, ob eine Störung ausgeregelt werden kann, oder ob eine Kompensation notwendig ist.

Im Folgenden werden die für diese Arbeit relevanten Störungen definiert und der Stand der Technik zu deren Beschreibung sowie Kompensation angegeben. Die Schwerpunkte liegen dabei auf der vollständigen Beschreibung des Amplituden- und Frequenzverlaufs über der Drehzahl sowie der Einsatzmöglichkeit vorgestellter Kompensationen im hier zugrundeliegenden System.

2.2.1 Definition relevanter Störungen

Jede der vier in 2.1.1 eingeführten Komponenten des elektrischen Antriebs weist Ursachen für Störungen auf. Die PMSM kann durch Sättigungseffekte oder Rastmomente eine Quelle für Störungen darstellen. Diese sind jedoch nicht Teil der Arbeit.

Bei der Umsetzung der Motoransteuerung machen die Abtastzeit und die Quantisierung des Mikrocontrollers den größten Beitrag an induzierten Störungen aus [7]. Störungen, die aus der Abtastung und Quantisierung der Sensorsignale in den Regelkreis induziert werden, sind in [7] und [15] beschrieben. Diese äußern sich als Rauschen des abgegebenen Moments und werden im Weiteren nicht gesondert betrachtet. Eine weitere Störung, die ausschließlich durch die Abtastzeit in den Regelkreis induziert wird, entsteht durch Drehung des Rotors zwischen den Aktualisierungen der Stellsignale. Dadurch entstehen Störungen der konstanten Abtastfrequenz und deren Vielfachen. Diese werden in [16] behandelt und sind hier nicht näher aufgeführt.

Häufig relevante Effekte aus der Sensorik sind Offsetstörungen bzw. Verstärkungsstörungen der Stromsensoren und Ordnungsstörungen des Rotorlagesensors. Im Wechselrichter stellen die Schutzzeiten den Hauptanteil der Störungen dar [14].

Die Störungen der Sensorik und des Wechselrichters resultieren in Ordnungsstörungen. Ordnungsstörungen wiederholen sich periodisch über einer Umdrehung des Rotors. Die Anzahl der Wiederholungen wird als Ordnung der Störung bezeichnet. Die Ordnung kann mit der elektrischen oder mechanischen Umdrehung verknüpft werden. Entsprechend wird diese dann als elektrische oder mechanische Ordnung bezeichnet.

Zu den definierten Störungen der Sensorik und des Wechselrichters existiert zwar zahlreiche Literatur, jedoch sind die Beschreibungen und Kompensationen für das zugrunde gelegte System nicht vollständig. Die nächsten drei Abschnitte gehen auf die Beschreibung und Kompensation der Störungen nach aktuellem Stand der Technik ein. Dabei werden die für diese Arbeit wichtigen Erkenntnisse festgehalten, aber auch auf fehlende Untersuchungen hingewiesen.

2.2.2   Offset- und Verstärkungsstörungen bei der Strommessung

Offset- und Verstärkungsstörungen können sowohl bei der Strommessung im Sensor als auch bei der Signalverarbeitung bis zum Mikrocontroller auftreten [17]. Für die Regelung ist die Summe der Störungen in allen Verarbeitungsschritten von Bedeutung.

Im Fall einer Zweiphasenstrommessung in den Phasen a und b werden Offsetstörungen nach (17) -1) und Verstärkungsstörungen nach (17) -2) modelliert [17].

$$
\begin{aligned}
i_{a\_mess} &= i_a + \Delta I_a + K_a i_a \\
i_{b\_mess} &= i_b + \Delta I_b + K_b i_b \\
i_{c\_mess} &= -i_a - i_b \underbrace{-\Delta I_a - \Delta I_b}_{1)} \underbrace{-K_a i_a - K_b i_b}_{2)}
\end{aligned}
\tag{17}
$$

Hierbei sind i_{ab} die idealen Motorströme, ΔI_{ab} und K_{ab} geben die Werte der Offset- und Verstärkungswerte an und i_{abc_mess} sind die im Mikrocontroller zur Regelung verfügbaren Strommesswerte.

Störungen in der Strommessung nach (17) werden in zahlreichen Veröffentlichungen untersucht [17] - [27]. Es sind sowohl die Auswirkungen auf das Moment beschrieben als auch unterschiedliche Kompensationen angegeben. Aus den Veröffentlichungen geht hervor, dass Offsetstörungen zu einer ersten elektrischen Ordnung im Motormoment führen. Verstärkungsstörungen führen zu einer zweiten elektrischen Ordnung. Allerdings lässt es sich nicht ableiten, ob die Störungen im Feldschwächbereich zunehmen oder abnehmen. Ein Zusammenhang der Störungen mit dem Feldschwächwinkel φ wird ebenfalls nicht angegeben. Auch fehlen Angaben zum Einfluss durch den Stromregelkreis.

Die angegebenen Konzepte zur Kompensation sind vielfältig. In [18] und [19] werden Konzepte vorgeschlagen, die eine zusätzliche Strommessung im Zwischenkreis benötigen. Diese ist im definierten System nicht vorhanden, wodurch die Konzepte nicht anwendbar sind.

Die Konzepte in [20] und [21] basieren auf einer hochfrequenten Spannungsinjektion. Diese wird ausgewertet und mit dem Ergebnis die Verstärkungsstörung kompensiert. Offsetstörungen können dabei nicht berücksichtigt werden. Zudem dürfen neben den Störungen in der Strommessung keine weiteren Störungen im System auftreten, was im gegebenen System nicht der Fall ist. Dadurch wird dieses Konzept ebenfalls nicht anwendbar.

Der in [22] vorgestellte Kompensationsvorschlag nutzt die Messwerte eines zusätzlichen Sensors. Dabei ist es unerheblich, ob es sich um einen Drehmomentsensor, Mikrophon, Beschleunigungs- oder Geschwindigkeitssensor handelt. Der Sensor muss allerdings ein lineares Übertragungsverhalten aufweisen. Im definierten System ist ein solcher Sensor nicht vorhanden. Damit ist das Konzept nicht einsetzbar.

Die in [23] und [24] vorgestellten Konzepte basieren auf ILC (Iterative Learning Control) Algorithmen. ILC Algorithmen sind für die Optimierung von sich wiederholenden Vorgängen ausgelegt und damit auf den Einsatz bei konstanten Drehzahlen beschränkt. Des Weiteren wird ein Drehmomentsensor vorausgesetzt, womit diese Konzepte ebenfalls entfallen.

In [25] wird eine Kompensationsmöglichkeit für Drehzahlschwankungen vorgestellt, welche durch eine störbehaftete Strommessung verursacht werden. Das hierbei vorausgesetzte System geht von zwei überlagerten Regelkreisen, einem Strom- und einem Drehzahlregelkreis, aus. Ausgehend von den Stellwertschwankungen des Drehzahlregelkreises wird auf die Störungen der Strommessung geschlossen. Hierzu sind konstante Drehzahlen notwendig, was das Konzept für den Einsatz in dieser Arbeit ausschließt.

In [17] wird eine Kompensationsmethode vorgestellt, bei welcher der Integratorausgang der d-Achse geeignet integriert wird, um Offset- und Verstärkungsstörungen zu kompensieren. Dieses Vorgehen ist nur für einen d-Strom von Null geeignet und damit nur im Grunddrehzahlbereich möglich. Aus diesem Grund kann es hier nicht eingesetzt werden.

In [26] und [27] wird ein Luenberger-Beobachter entworfen, welcher es ermöglicht aus der verfälschten Strommessung und der Stellspannung die Störungen zu extrahieren. Diese werden von der Strommessung subtrahiert und die Störung wird damit kompensiert. Der Funktionsnachweis wird für konstante Drehzahl geführt. Der Beobachter ist prinzipiell auch bei variablen Drehzahlen nutzbar. Weiterhin ist das Konzept gegen andere Störungen im Regelkreis und Parameterschwankungen des Motors robust und sowie im Grunddrehzahl- als auch im Feldschwächbereich einsetzbar. Voraussetzung zur Anwendung des Beobachters ist jedoch ein sich nur langsam änderndes Sollmoment, so dass die Zustandsgrößen im Beobachter ohne große Abweichung der Änderung folgen können. Beim Einsatz des elektrischen Antriebs in einem Lenksystem kann das Sollmoment einen sehr dynamischen Verlauf annehmen, womit das Konzept ohne Anpassungen nicht einsetzbar ist.

Folglich ist für das in dieser Arbeit definierte System noch keine einsetzbare Kompensation bekannt. Die aufgeführten Vorschläge können aufgrund nicht vorhandener Sensoren oder eingeschränkter Betriebszustände ausgeklammert werden. In den Beschreibungen der Störungen fehlen Aussagen über den Einfluss des Regelkreises und der Feldschwächung.

2.2.3   Ordnungsstörungen im Rotorlagewinkel

Bei Verwendung eines Rotorlagesensors basierend auf dem AMR-Effekt, besteht die Möglichkeit von Messverfälschungen durch magnetische Störfelder umliegender Leitungen. Im betrachteten System haben sich die Magnetfelder der um den Sensor angebrachten Zuleitungen der Motorphasen als eine Störquelle herausgestellt. Diese Störfelder überlagern sich mit dem Referenzmagnetfeld zur Winkelmessung. Das gestörte, resultierende Magnetfeld wird vom Sensor aufgenommen und im Mikrocontroller in ein gestörtes Winkelsignal umgerechnet.

Zur Modellierung der Störung wird der gemessene Rotorlagewinkel θ_{mess} in den idealen Rotorlagewinkel θ_{mech} und eine Störkomponente θ^* aufgeteilt (18).

$$\theta_{mess} = \theta_{mech} + \theta^* \tag{18}$$

Aufgrund der Rotationssymmetrie des Motors nehmen Störungen im Rotorlagewinkel einen periodischen Verlauf über einer Umdrehung des Motors an und können mit (19) beschrieben werden [28].

$$\theta^* = \sum_k a_k \sin(k \cdot \theta_{mech}) \tag{19}$$

Hierbei gibt k die Ordnung und a_k die Amplitude der k-ten Ordnung an.

Ordnungsstörungen des Rotorlagewinkels nach (19) werden in der Literatur kaum diskutiert. In [29] wird eine Störung erster mechanischer Ordnung im Rotorlagewinkel angenommen und die Auswirkungen auf das abgegebene Moment durch eine Simulation untersucht. Als Ergebnis wird festgehalten, dass die Störung im Moment ebenfalls eine erste mechanische Ordnung aufweist und stark von der Feldschwächung abhängig ist. Im Grunddrehzahlbereich beträgt der Anteil der Störungen am abgegebenen Moment 1,2%. Im Feldschwächbereich steigt dieser auf 110% an. Eine Begründung oder analytische Herleitung der Ergebnisse wird nicht angegeben. Auch eine Kompensationsmethode bleibt der Artikel schuldig.

Eine analytische Herleitung zwischen den Ordnungen im Rotorlagewinkel und dem abgegebenem Moment wird in [30] angegeben. Die Herleitung ist allerdings auf den Grunddrehzahlbereich beschränkt. Ähnlich zu [17] wird eine Kompensationsmethode vorgestellt, bei welcher der Integratorausgang der d-Achse geeignet integriert wird, um damit die Störung aus dem Rotorlagewinkel herauszurechnen. Dieses Vorgehen ist nur bei einem d-Referenzstrom von Null und damit nur im Grunddrehzahlbereich möglich. Zudem erlaubt die Kompensationsmethode nur eine bestimmte Ordnung im Rotorlagewinkel. Störungen einer anderen Ordnung oder mehrerer Ordnungen werden von der Kompensation nicht abgedeckt. Aus diesen Gründen kann die Methode hier nicht eingesetzt werden.

In [31] wird ebenfalls eine Herleitung zwischen den Ordnungen im Rotorlagewinkel und dem abgegebenem Moment angegeben. Auch hier ist die Herleitung auf den Grunddrehzahlbereich beschränkt. Als Kompensationsmethode wird vorgeschlagen die Störung im Rotorlagewinkel mit einem externen, störungsfreien Sensor zu vermessen, die Messergebnisse in einer Tabelle abzulegen und im Betrieb für die Kompensation zu verwenden. Voraussetzung zur Anwendung der Methode ist der Betrieb im Grunddrehzahlbereich, da die angenommenen Störungen sich nicht ändern dürfen. Wie schon in [29] durch Simulation gezeigt, sind Störungen von der Feldschwächung abhängig. Aus diesem Grund ist die vorgestellte Kompensationsmethode auf das hier zugrundeliegende System nicht übertragbar.

Aus den bekannten Veröffentlichungen geht keine Beschreibung der Störungen für den gesamten Betriebsbereich, vom Stillstand bis in die Feldschwächung, hervor. Ferner wird der Einfluss des Stromregelkreises nicht angesprochen. Eine Kompensationsmethode, die nicht auf eine Ordnung eingeschränkt ist und bis in die Feldschwächung Gültigkeit behält, fehlt ebenfalls.

2.2.4   Schutzzeiten des Wechselrichters

Während der Schutzzeit T_s sind beide Schalter eines Wechselrichterzweigs nicht leitend. Die eingeprägten Motorströme i_{abc} fließen dabei in Abhängigkeit der Stromrichtung über eine der beiden Freilaufdioden D_x oder D_y. Der Stromfluss über die Freilaufdioden verfälscht die Pulsbreite der PWM. Für $i_{abc}>0$ wird die Pulsbreite um die Schutzzeit verkürzt und entsprechend für $i_{abc}<0$ verlängert. Die dadurch hervorgerufenen Störungen u_{0abc}^{*} der Phasenspannungen u_{0abc} können mit (20) beschrieben werden [32].

$$u_{0a} = u_{0a\_ref} + u_{0a}^{*}$$
$$u_{0b} = u_{0b\_ref} + u_{0b}^{*}$$
$$u_{0c} = u_{0c\_ref} + u_{0c}^{*}$$

$$\begin{pmatrix} u_{0a}^{*} \\ u_{0b}^{*} \\ u_{0c}^{*} \end{pmatrix} = \frac{-T_s U_{Batt}}{T_{PWM}} \begin{pmatrix} \mathrm{sgn}(i_a) \\ \mathrm{sgn}(i_b) \\ \mathrm{sgn}(i_c) \end{pmatrix} \tag{20}$$

Hierbei stellt sgn() die Signumfunktion dar.

Verfälschungen der Phasenspannungen nach (20) werden in den Veröffentlichungen [33] - [48] untersucht. Den Beschreibungen aus der Literatur ist zu entnehmen, dass Schutzzeiten zu einer Störung sechster elektrischer Ordnung im Motormoment führen. Allerdings lässt sich nicht ableiten, ob die Amplitude im Feldschwächbereich zunimmt oder abnimmt. Ein Zusammenhang zwischen der Störung und dem Feldschwächwinkel φ wird nicht angegeben. Auffällig ist auch hier die Vernachlässigung des Stromregelkreises, obwohl diese Störung teilweise vom Regler ausgeregelt werden kann.

Wie bei den Störungen der Strommessung sind die Kompensationsmethoden vielfältig. In [42] - [44] wird ähnlich zu [26] und [27] ein Beobachter entworfen, welcher es ermöglicht aus der Strommessung und der Stellspannung die Störung zu extrahieren. Diese wird von der Stellspannung im dq- oder abc-System subtrahiert und damit die eigentliche Störung kompensiert. Die Funktionsweise ist aufgrund der sehr hohen Frequenz der Störung auf niedrige Drehzahlen eingeschränkt. Eine Anwendung bis in die Feldschwächung verletzt für das definierte System das Nyquist-Shannon Abtasttheorem und ist daher nicht möglich [49].

In [41] wird unter anderem vorgeschlagen, die vom Wechselrichter generierte Spannung zu messen und mit der vorgegebenen zu vergleichen. Aus der Abweichung kann eine Korrektur ermittelt werden, um die Schutzzeit zu kompensieren. Neben der Schutzzeit lassen sich mit diesem Verfahren auch die Ein- und Ausschaltzeiten der Halbleiterschalter kompensieren. Voraussetzung zur Anwendung dieser Methode ist die Messung der generierten Spannungen. Weiterhin ist die Kompensation nur für niedrige Drehzahlen effektiv, weswegen die Methode ausscheidet.

In [45] wird ähnlich zu [17] und [30] eine Kompensationsmethode vorgestellt, bei welcher der Integratorausgang der d-Achse geeignet integriert wird.

Das Ergebnis wird zu einem Korrekturfaktor für die gestellte Spannung verrechnet und die Störungen dadurch kompensiert. Wie bei den Störungen im Rotorlagewinkel und Störungen durch die Strommessung ist dieses Vorgehen nur für einen d-Referenzstrom von Null und damit nur im Grunddrehzahlbereich möglich. Aus diesem Grund kann es hier nicht eingesetzt werden.

Die in [46] und [47] vorgeschlagenen Methoden benötigen zusätzliche Hardware und können deswegen ausgeschlossen werden.

Die am häufigsten vorgeschlagene Kompensationsmethode ist es die Störung u_{0abc}^{*} negativ auf die Stellspannung im abc-System u_{0abc_ref} aufzuschalten [33] - [41]. Die Herausforderung bei diesem Vorgehen ist es die Stromnulldurchgänge und die Schutzzeit T_s genau zu bestimmen. Die Stromnulldurchgänge können durch Stromoberwellen und Rauschen verfälscht werden. Die Schutzzeit ist von vielen schwer messbaren Faktoren der Halbleiterschalter abhängig und lässt sich nur aufwändig ermitteln.

In [33] und [34] wird ein indirektes Messverfahren vorgestellt, um die Schutzzeit T_s zu bestimmen. In [35] wird vorgeschlagen T_s über die Integration der gemessenen Ströme zu ermitteln. Eine Möglichkeit zur Bestimmung der Stromnulldurchgänge wird in [36] angegeben. Diese werden anhand der Referenzspannungen und der Übertragungsfunktion des Motors bestimmt. Ähnlich dazu wird in [37] - [39] vorgeschlagen die Stromnulldurchgänge anhand der Referenzströme und der Übertragungsfunktion des Motors zu rekonstruieren. In [40] werden die gemessenen Ströme geeignet gefiltert, um die Genauigkeit der Nulldurchgänge zu erhöhen.

In dieser Arbeit wird angenommen, dass die Schutzzeit T_s und die Stromnulldurchgänge bekannt sind. Wie später gezeigt wird, sind die Kompensationsvorschläge nach [33] - [40] trotzdem nicht hinreichend. Die Wirkung nimmt insbesondere bei hohen Drehzahlen in der Feldschwächung ab. Grund hierfür ist die mit steigender Drehzahl abnehmende Anzahl der Abtastungen der Motorströme pro Motorumdrehung [32]. Folglich ist für das in dieser Arbeit definierte System noch keine hinreichende Kompensationsmethode bekannt. Bei der Beschreibung der Störungen fehlen Aussagen über den Einfluss des Regelkreises und der Feldschwächung.

3 Methodische Beschreibung der Störungen

Wie den letzten drei Abschnitten zu entnehmen ist, genügen die bekannten Beschreibungen dem hier zugrundeliegenden System nicht. Eine genaue Beschreibung der Störungen ist jedoch für das Verständnis und für die Entwicklung der später vorgestellten Kompensationen notwendig.

Die ist diesem Kapitel eingeführte Methodik beschreibt ansteuerungsbedingte Störungen im Regelkreis permanenterregter Synchronmaschinen. Schwerpunkte sind dabei die einheitliche Beschreibung der Störungen mit einer Methode, die Berücksichtigung der Feldschwächung und die Wirkung des Stromregelkreises. Insbesondere diese drei Punkte sind nach dem Stand der Technik nicht ausreichend behandelt.

Nach Vorstellung der Methodik in Abschnitt 3.1 werden die definierten Störungen anhand dieser exemplarisch beschrieben, Abschnitt 3.2. Die Validierung der Rechenergebnisse erfolgt anhand entsprechender Simulationen und Messungen in Kapitel 6.

3.1 Methodik

Zur Anwendung der Methodik müssen gewisse Voraussetzungen eingehalten werden. Diese sind einerseits notwendig, um die Beschreibung der Störungen zu ermöglichen, andererseits um Rechnungen zu vereinfachen. Inwieweit die Voraussetzungen zulässig sind, wird mit Validierung der Rechenergebnisse in Kapitel 6 diskutiert.

Nach Einführung der Voraussetzungen im folgenden Abschnitt wird die Methodik in Abschnitt 3.1.2 vorgestellt.

3.1.1 Voraussetzungen zur Anwendung

Die Methodik setzt den quasistatischen Betrieb voraus. Im quasistatischen Betrieb sind die Referenzströme und die Drehzahl über eine mechanische Umdrehung des Rotors konstant. In diesem Fall und ohne Einwirkung von Störungen werden die Referenzströme ohne Regelabweichung vom Regler in die Maschine eingeprägt (21).

$$\underline{i_{dq}} = \underline{i_{dq\_ref}} \tag{21}$$

Greift eine Störung in den Regelkreis ein, kommt es entsprechend zu einer Störung der Ströme in der Maschine. Diese stimmen dann nicht mehr mit den Referenzwerten überein (22).

$$i_{dq} = i_{dq\_ref} + i_{dq}^{*}$$

(22)

Hierbei stellt i_{dq}^{*} eine Störung der Ströme dar.

Störungen durch die Sensorik oder den Wechselrichter sind periodisch und wiederholen sich mit jeder mechanischer Umdrehung des Rotors, siehe Abschnitt 2.2. Folglich stellen sich in der Maschine Ströme ein, die periodisch um die Referenzwerte schwanken. In der komplexen dq-Ebene können die periodischen Schwankungen auch als Trajektorien um die Referenzwerte dargestellt werden. Im vorausgesetzten quasistatischen Betrieb schließen sich die Trajektorien nach einer Motorumdrehung und wiederholen sich dann erneut. Die geschlossenen Trajektorien lassen sich eindeutig bestimmen und damit die Störungen charakterisieren.

Eine weitere Voraussetzung zur Anwendung der Methodik ist die vollständige Entkopplung der d- und q-Achse. Dies wird bereits bei der Entwicklung des Reglers so festgelegt. Auf Störungen im Regelkreis übertragen bedeutet dies, dass eine gegenseitige Beeinflussung der Störungen zwischen der d- und q-Größe ausgeschlossen werden kann. Das vereinfacht spätere Berechnungen der Störungen. Die Zulässigkeit dieser Annahme wird in Kapitel 6 mit Hilfe einer Simulation und Messungen an der Modellanlage diskutiert.

Die letzte Voraussetzung ist ebenfalls bereits festgelegt, soll hier aber noch mal im Zusammenhang mit Störungen aufgeführt werden. Die Anwendung der Raumzeigertheorie setzt ein lineares, zeitinvariantes System (PMSM) voraus [5]. Um unterschiedliche Störungen einzeln und ohne gegenseitige Beeinflussung beschreiben zu können, gilt diese Voraussetzung ebenso für die Methodik. Sind die Voraussetzung erfüllt, kann die im Folgenden vorgestellte Methodik zur Beschreibung von Störungen angewendet werden.

3.1.2   Vorstellung der Methodik

Die Grundidee der Methodik besteht darin die in 2.2.1 definierten Störungen zunächst auf eine einheitliche Form zu bringen und dann ausgehend davon die Auswirkungen auf das abgegebene Moment zu bestimmen. Die Umsetzung erfolgt in drei Schritten:

1)   Beschreibung der Störungen im dq-System

2)   Darstellung der Störungen als Trajektorien

3)   Übertragung der Störungen auf das abgegebene Moment

Im ersten Schritt wird die Basis für das weitere Vorgehen geschaffen. Hier müssen Störungen, die von unterschiedlichen Ursachen herrühren, im dq-System beschrieben werden. Die Beschreibung erfolgt durch Modellierung der Störungen im Zeitbereich. Dabei ermöglicht der Feldschwächwinkel φ eine Berücksichtigung der Feldschwächung. Je nach Störung kann die Beschreibung direkt im dq-System geschehen, oder es muss vorangehend eine Transformation aus dem dreiphasigen abc-System ins dq-System erfolgen.

Entsprechend Abschnitt 2.2 nehmen die Störungen im dq-System einen periodischen Verlauf an. Im Fall von nichtkontinuierlichen oder nichtsinusförmigen Störungen sind diese in Fourierreihen zu entwickeln. Für weitere Rechnungen können an dieser Stelle einzelne Ordnungen von besonderem Interesse herangezogen werden. Eine Betrachtung aller Ordnungen als separate Störungen ist ebenfalls möglich. Das Ergebnis des ersten Schritts sind Störungen, die als Sinusschwingungen im dq-System vorliegen. Die Entwicklung von nichtkontinuierlichen oder nichtsinusförmigen Störungen zu Fourierreihen ermöglicht eine geschlossene Behandlung aller Störungen.

Im zweiten Schritt erfolgt die einheitliche Darstellung aller Störungen als Trajektorien der dq-Ströme. Hierzu ist für jede Störung aus Schritt 1 der Eingriffspunkt im komplexen Regelkreis der FOR festzulegen, wobei sich dieser auf die Stellgröße a), die Regelgröße b) oder beide Größen gleichzeitig c) verallgemeinern lässt, Abbildung 6.

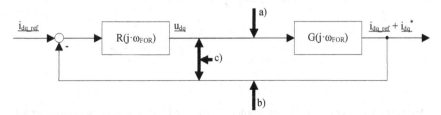

Abbildung 6: Eingriffspunkte der Störungen in der FOR

Bei den unterschiedlichen Eingriffspunkten kann es sich um eine additive oder multiplikative Aufschaltung einer Störung handeln. Trotz dieser vielfältigen Eingriffsmöglichkeiten hängt die Übertragungsfunktion auf die Motorströme jedoch entweder von der Führungs- (12) oder Störübertragungsfunktion (13) ab [14]. Je nach vorliegender Situation ist die Übertragungsfunktion entsprechend festzulegen.

Ist die Übertragungsfunktion festgelegt, müssen die im Zeitbereich modellierten Störungen mit der im Frequenzbereich vorliegenden Übertragungsfunktion verknüpft werden. Dies erfolgt durch Transformation der Störungen in den

Frequenzraum, Multiplikation mit der Übertragungsfunktion und abschließender Rücktransformation in den Zeitbereich.

Da es sich bei den Störungen um Sinusschwingungen handelt, ergibt die Transformation in den Frequenzbereich Dirac-Impulse. Die Multiplikation mit der Übertragungsfunktion kann dann als Gewichtung der Dirac-Impulse interpretiert werden. Eine Rücktransformation in den Zeitbereich liefert wiederum Sinusschwingungen mit entsprechender Gewichtung der Amplituden durch die Übertragungsfunktion. Dabei ist die Winkelgeschwindigkeit der Übertragungsfunktion ω_{FOR} mit der Winkelgeschwindigkeit der Störungen gleichzusetzen, was aus der Multiplikation der Übertragungsfunktion mit dem Dirac-Impuls hervorgeht. Nach Einbezug der Übertragungsfunktion können die Auswirkungen der Störungen auf die Motorströme i_{dq}^{*} als Trajektorien in der komplexen dq-Ebene dargestellt werden. Abbildung 7 zeigt eine beispielhafte Trajektorie.

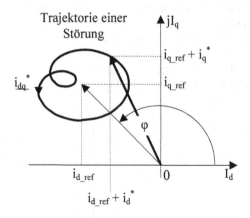

Abbildung 7:   Trajektorie einer Störung (Offset- und Verstärkungsstörung überlagert)

Die Darstellung der Störungen als Trajektorien in der komplexen dq-Ebene ist zentraler Bestandteil der Methodik. An dieser Stelle erfolgt die Zusammenführung unterschiedlicher Störungen auf eine einheitliche Darstellung. Dadurch lassen sich Auswirkungen unterschiedlicher Störungen untereinander vergleichen und bewerten. Weiterhin kann mit den Trajektorien die Abhängigkeit der Störungen von der Feldschwächung veranschaulicht werden.

Im dritten Schritt erfolgt mit den ermittelten Trajektorien die Berechnung der resultierenden Störungen im abgegebenen Moment. Hierzu ist die Momentengleichung der PMSM (14) heranzuziehen. Damit ist eine durchgängige und einheitliche Beschreibung unterschiedlicher Störungen, von der Ursache bis zur Auswirkung im abgegebenen Moment, gegeben. Durch Berücksichtigung des

Feldschwächwinkels φ ist sowohl der Grunddrehzahlbereich als auch die Feldschwächung abgedeckt. Damit sind die gestellten Anforderungen an die Methodik aus Kapitel 1 erfüllt. Abschließend sind die einzelnen Punkte als Ablauf in
einem Flussdiagramm dargestellt, Abbildung 8.

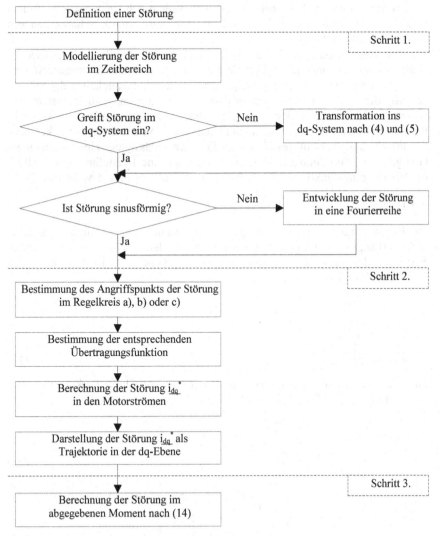

Abbildung 8:   Flussdiagramm der Methodik

3.2 Beschreibung der Störungen nach vorgestellter Methodik

Im diesem Abschnitt werden die in 2.2.1 definierten Störungen nach der vorgestellten Methodik beschrieben. Zur besseren Übersicht ist die Beschreibung der Offset- und Verstärkungsstörungen in die Abschnitte 3.2.1 und 3.2.2 unterteilt. Anschließend folgt die Beschreibung der Störungen durch einen gestörten Rotorlagewinkel in Abschnitt 3.2.3 und die der Störungen durch Schutzzeiten des Wechselrichters in Abschnitt 3.2.4.

Die Beschreibungen sind nach den Punkten aus Abbildung 8 gegliedert. Dabei sind nicht immer alle Punkte für eine Störung relevant. Entsprechend wird nicht auf jeden Punkt explizit eingegangen. Um die Abhängigkeiten der Störungen von der Feldschwächung besser darstellen zu können, wird in diesem Abschnitt der Einfluss der Übertragungsfunktionen in den Abbildungen vernachlässigt. Weiterhin sind die Übertragungsfunktionen von den Regelstreckenparametern abhängig. Somit gewährleistet die Vernachlässigung eine allgemeinere Gültigkeit der Abbildungen. In Kapitel 6 erfolgt eine Darstellung mit Einfluss der Übertragungsfunktionen für Rechnungen, Simulationen und Messungen.

3.2.1 Offsetstörungen bei der Strommessung

Die Beschreibung der Offsetstörungen in der Strommessung ist an die Ergebnisse in [49] angelehnt. Im ersten Schritt wird die modellierte Störung aus dem abc-System in das dq-System transformiert. Entsprechend 2.2.2 ist diese hier noch mal angegeben (23).

$$
\begin{aligned}
i_{a\_mess} &= i_a + \Delta I_a \\
i_{b\_mess} &= i_b + \Delta I_b \\
i_{c\_mess} &= -i_a - i_b - \Delta I_a - \Delta I_b
\end{aligned}
$$

$$
\underbrace{\phantom{i_{c\_mess}}}_{\substack{\text{gemessene} \\ \text{Motorströme}}} \quad \underbrace{}_{\substack{\text{ideale} \\ \text{Motorströme}}} \quad \underbrace{}_{\substack{\text{Offsetstörung} \\ \text{im abc-System}}}
\tag{23}
$$

Die Transformation in das dq-System erfolgt über die Clarke-Park-Transformation und ist durch (24) und (25) gegeben.

$$
\begin{pmatrix} i_{d\_offset} \\ i_{q\_offset} \end{pmatrix} = \mathbf{P} \cdot \mathbf{C} \cdot \begin{pmatrix} \Delta I_a \\ \Delta I_b \\ -\Delta I_a - \Delta I_b \end{pmatrix}
\tag{24}
$$

$$
\begin{pmatrix} i_{d\_offset} \\ i_{q\_offset} \end{pmatrix} = \begin{pmatrix} \Delta I_{a\_offset} \cdot \cos(\theta_{el}) + \left(\dfrac{2}{\sqrt{3}} \Delta I_{a\_offset} + \dfrac{1}{\sqrt{3}} \Delta I_{b\_offset} \right) \cdot \sin(\theta_{el}) \\ -\Delta I_{a\_offset} \cdot \sin(\theta_{el}) + \left(\dfrac{2}{\sqrt{3}} \Delta I_{a\_offset} + \dfrac{1}{\sqrt{3}} \Delta I_{b\_offset} \right) \cdot \cos(\theta_{el}) \end{pmatrix}
\tag{25}
$$

Für folgende Rechnungen ist die komplexe Darstellung vorteilhaft. Um später den Bezug zu der Übertragungsfunktion im Regelkreis herstellen zu können, ist weiterhin der elektrische Rotorlagewinkel θel durch ωelt nach (2) zu ersetzen. Die komplexe Darstellung lässt sich aus (25) mit Hilfe von trigonometrischen Gesetzen ableiten (26).

$$i_{dq\_offset} = \hat{I}_{Offset} \cdot e^{j(\omega_{el}t)}$$
(26)

Hierbei gehen in die Berechnung von $\hat{I}_{Offset}$ die Offsetwerte ΔI_a und ΔI_b ein.

Mit (25) bzw. (26) ist die Offsetstörung im dq-System beschrieben und Schritt 1 der Methodik ist abgeschlossen. Eine Fourierreihenentwicklung ist nicht notwendig, da die Störung stetig und sinusförmig ist.

Im zweiten Schritt wird zunächst der Eingriffspunkt der Störung in den komplexen Regelkreis der FOR definiert. Die Offsetstörung greift additiv auf die Regelgröße ein, was Fall b) entspricht. Hierdurch weichen die Motorströme i_{dq_ref} um die Störung i_{dq}^{*} von den Referenzwerten ab, Abbildung 9.

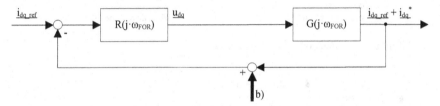

Abbildung 9:   Eingriffspunkt der Offsetstörungen

Die Störübertragungsfunktion entspricht in diesem Fall der negierten Führungsübertragungsfunktion (27).

$$\frac{i_{dq}^{*}(j \cdot \omega_{FOR})}{i_{dq\_offset}(j \cdot \omega_{FOR})} = -F(j \cdot \omega_{FOR})$$
(27)

Mit (27) und der Beschreibung der Offsetstörung im dq-System (26), kann die Berechnung der Störung im Zeitbereich nach (28) erfolgen.

$$i_{dq}^{*} = -F(j \cdot \omega_{el}) \cdot \underbrace{i_{dq\_offset}}_{} = \underbrace{\left| F(j \cdot \omega_{el}) \right| \cdot \hat{I}_{Offset}}_{F_{offset}} \cdot e^{j(\omega_{el}t + \arg(F))}$$
(28)

Damit ist die Störung in den Motorströmen i_{dq}^{*} durch eine offsetbehaftete Strommessung beschrieben und kann als Trajektorie dargestellt werden, Abbildung 10. Wie Abbildung 10 entnommen werden kann, ist die Trajektorie von der Feldschwächung unabhängig. Die Störung rotiert um die Referenzwerte auf einer

Kreisbahn mit der einfachen elektrischen Winkelgeschwindigkeit. Die Stör-amplituden der d- und q-Achsen sind gleich groß.

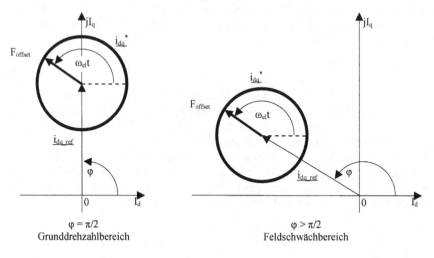

Abbildung 10: Trajektorie der Offsetstörung

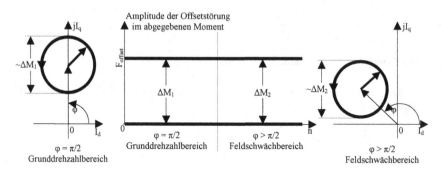

Abbildung 11: Amplitude der Offsetstörung über Drehzahl

Im letzten Schritt wird die Auswirkung der Trajektorie auf das abgegebene Moment bestimmt. Mit der Beschreibung der Störung in den Motorströmen i_{dq}^* (28) und der Momentengleichung der PMSM (14) ergibt sich diese zu (29). Der erste Ausdruck 1) in Gleichung (29) stellt das gewünschte Moment dar. Der zweite Ausdruck 2) repräsentiert die überlagerte Störung.

Zu dem gewünschten Moment überlagert sich eine sinusförmige Störkomponente erster elektrischer Ordnung. Die Amplitude ist von der Feldschwächung unabhängig, nimmt aber verhältnismäßig zum Sollmoment zu.

$$M = \frac{3}{2} Z_p \Psi_{PM} \, \mathrm{Im}\{i_{dq\_ref} + i_{dq}^*\}$$

$$M = \frac{3}{2} Z_p \Psi_{PM} \left(\underbrace{\hat{I} \sin(\varphi)}_{1)} + \underbrace{F_{offset} \sin(\omega_{el} t + \arg(F))}_{2)} \right)$$

(29)

Die Amplitude der Störung kann mit Hilfe der Trajektorie anschaulich über einem Drehzahlhochlauf dargestellt werden, Abbildung 11.

3.2.2 Verstärkungsstörungen bei der Strommessung

Die Beschreibung der Verstärkungsstörungen bei der Strommessung ist an die Ergebnisse in [49] angelehnt. Das Vorgehen ist zu dem der Offsetstörungen ähnlich. Aus diesem Grund wird hier insbesondere auf die Unterschiede eingegangen. Die Verstärkungsstörungen sind ebenfalls in 2.2.2 eingeführt worden und sollen hier noch mal angegeben werden (30).

$$
\begin{aligned}
i_{a\_mess} &= i_a &+&\quad K_a i_a \\
i_{b\_mess} &= i_b &+&\quad K_b i_b \\
i_{c\_mess} &= \underbrace{-i_a - i_b}_{\substack{\text{ideale} \\ \text{Motorströme}}} &&\underbrace{-K_a i_a - K_b i_b}_{\substack{\text{Verstärkungsstörungen} \\ \text{im abc-System}}}
\end{aligned}
$$

$$\underbrace{\phantom{i_{c\_mess}}}_{\substack{\text{gemessene} \\ \text{Motorströme}}}$$

(30)

Die Transformation in das dq-System ist durch (31) und (32) gegeben.

$$\begin{pmatrix} i_{d\_gain} \\ i_{q\_gain} \end{pmatrix} = \mathbf{P} \cdot \mathbf{C} \cdot \begin{pmatrix} K_a i_a \\ K_b i_b \\ -K_a i_a - K_b i_b \end{pmatrix}$$

(31)

$$\begin{pmatrix} i_{d\_gain} \\ i_{q\_gain} \end{pmatrix} = \begin{pmatrix} \dfrac{K_a - K_b}{\sqrt{3}} \cdot \hat{I} \cdot \cos\left(2 \cdot \theta_{el} + \varphi - \dfrac{1}{6} \cdot \pi\right) + c \\[3mm] \dfrac{K_a - K_b}{\sqrt{3}} \cdot \hat{I} \cdot \cos\left(2 \cdot \theta_{el} + \varphi + \dfrac{1}{3} \cdot \pi\right) + d \end{pmatrix}$$

(32)

$$c = \frac{K_a + K_b}{2} \cdot \hat{I} \cdot \cos(\varphi) + \frac{-K_a + K_b}{2\sqrt{3}} \cdot \hat{I} \cdot \sin(\varphi)$$

mit $\qquad d = \frac{K_a + K_b}{2} \cdot \hat{I} \cdot \sin(\varphi) + \frac{K_a - K_b}{2\sqrt{3}} \cdot \hat{I} \cdot \cos(\varphi)$

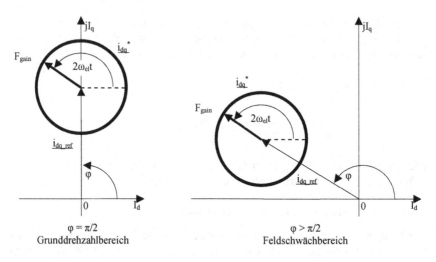

$\varphi = \pi/2$
Grunddrehzahlbereich

$\varphi > \pi/2$
Feldschwächbereich

Abbildung 12: Trajektorie der Verstärkungsstörung

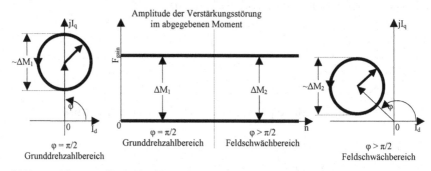

Abbildung 13: Amplitude der Verstärkungsstörung über Drehzahl

Im Gegensatz zu den Offsetstörungen ist die Phase der Verstärkungsstörungen vom Feldschwächwinkel φ abhängig. Zudem setzen sich diese aus einer Sinusschwingung und einem Gleichwert zusammen. Der Gleichwert wird von der überlagerten Regelschleife ausgeregelt und deshalb im Weiteren vernachlässigt. Wie bei den Offsetstörungen ist für die weiteren Rechnungen die komplexe Darstellung vorteilhaft (33).

$$i_{dq\_gain} = \hat{I}_{gain} \cdot e^{j(2\omega_{el}t + \varphi)}$$

(33)

Hierbei gehen in die Berechnung von $\hat{I}_{gain}$ die Verstärkungsfaktoren K_a und K_b sowie die Stromamplitude $\hat{I}$ ein. Mit (32) bzw. (33) ist die Verstärkungsstörung im dq-System beschrieben und Schritt 1 der Methodik ist abgeschlossen. Eine Fourierreihenentwicklung ist nicht notwendig, da die Störung stetig und sinusförmig ist. Die Verstärkungsstörungen greifen in den komplexen Regelkreis der FOR an derselben Stelle wie die Offsetstörungen ein. Die Bestimmung der Übertragungsfunktion und die Rechnungen erfolgen ebenfalls analog, womit die Störung der Motorströme i_{dq}^{*} direkt mit (34) angegeben wird.

$$i_{dq}^{*} = F(j \cdot 2\omega_{el}) \cdot i_{dq\_gain} = \underbrace{\left| F(j \cdot 2\omega_{el}) \right| \cdot \hat{I}_{gain}}_{F_{gain}} \cdot e^{j(2\omega_{el}t + \varphi + \arg(F))}$$

(34)

Damit ist die Störung in den Motorströmen i_{dq}^{*} durch Verstärkungsfehler der Strommessung beschrieben und kann als Trajektorie dargestellt werden, Abbildung 12.

Ähnlich zu den Offsetstörungen ist die Trajektorie von der Feldschwächung unabhängig. Die Störung rotiert um die Referenzwerte auf einer Kreisbahn, jedoch mit der zweifachen elektrischen Winkelgeschwindigkeit. Die Störamplituden der d-und q-Achsen sind gleich groß.

Die Bestimmung der Störungen im abgegebenen Moment erfolgt analog zu den Offsetstörungen und ist in (35) angegeben.

$$M = \frac{3}{2} Z_{p} \Psi_{PM} \, \text{Im} \{ i_{dq\_ref} + i_{dq}^{*} \}$$

$$M = \frac{3}{2} Z_{p} \Psi_{PM} \left(\underbrace{\hat{I} \sin(\varphi)}_{1)} + \underbrace{F_{gain} \sin(2\omega_{el}t + \varphi + \arg(F))}_{2)} \right)$$

(35)

Der erste Ausdruck 1) in Gleichung (35) stellt das gewünschte Moment dar. Der zweite Ausdruck 2) repräsentiert die überlagerte Störung. Zu dem gewünschten Moment überlagert sich eine sinusförmige Störkomponente zweiter elektrischer Ordnung. Die Amplitude ist von der Feldschwächung unabhängig, nimmt aber verhältnismäßig zum Sollmoment zu.

Der Amplitudenverlauf der Verstärkungsstörung über der Drehzahl entspricht qualitativ dem der Offsetstörung und ist in Abbildung 13 der Vollständigkeit halber angegeben.

3.2.3 Ordnungsstörungen im Rotorlagewinkel

Ordnungsstörungen des Rotorlagewinkels können, wie bereits in 2.2.3 eingeführt, mit (36) beschrieben werden.

$$\theta^{*} = \sum_{k} a_{k} \sin(k \cdot \theta_{mech})$$

(36)

Hierbei gibt k die Ordnung und a_{k} die Amplitude der k-ten Ordnung an.

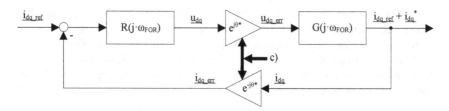

Abbildung 14: Eingriffspunkte der Ordnungsstörungen im Rotorlagewinkel

Die Störungen im Rotorlagewinkel wirken nicht direkt auf die Regelgrößen, sondern über die Park-Transformation auf die gemessenen Ströme und über die inverse Park-Transformation auf die Stellspannungen des Reglers. Um die Störungen in der Park-Transformation zu berücksichtigen, wird in der Messung der ideale Rotorlagewinkel θ_{mech} mit der Störung θ^* überlagert (37).

$$\theta_{mess} = \theta_{mech} + \theta^* \tag{37}$$

Die Park-Transformation kann bei komplexen Größen als Multiplikation mit dem komplexen Drehoperator dargestellt werden (38).

$$e^{-j\theta} \tag{38}$$

Der komplexe Drehoperator kann im komplexen Regelkreis direkt zur Transformation der Ströme und Spannungen aus dem αβ-System in das dq-System eingesetzt werden. In Anbetracht des gestörten Winkels (37) ergeben sich die Transformationen zu (39).

$$\underline{i}_{dq\_err} = \underline{i}_{\alpha\beta} e^{-j\theta_{mess}} = \underline{i}_{\alpha\beta} e^{-j(\theta_{mech}+\theta^*)} = \underline{i}_{\alpha\beta} e^{-j\theta_{mech}} e^{-j\theta^*} = \underbrace{\underline{i}_{dq}}_{\substack{\text{ideal trans-}\\\text{formierter Strom}}} \cdot \underbrace{e^{-j\theta^*}}_{\substack{\text{Weiterdrehung}\\\text{durch Störung}}}$$

$$\underline{u}_{dq\_err} = \underline{u}_{\alpha\beta} e^{j\theta_{mess}} = \underline{u}_{\alpha\beta} e^{j(\theta_{mech}+\theta^*)} = \underline{u}_{\alpha\beta} e^{j\theta_{mech}} e^{j\theta^*} = \underbrace{\underline{u}_{dq}}_{\substack{\text{ideal trans-}\\\text{formierte Spannung}}} \cdot \underbrace{e^{j\theta^*}}_{\substack{\text{Weiterdrehung}\\\text{durch Störung}}} \tag{39}$$

In (39) ergeben sich die gestörten Größen $\underline{i}_{dq\_err}$ und $\underline{u}_{dq\_err}$ aus den ideal transformierten Größen $\underline{i}_{dq}$ und $\underline{u}_{dq}$, die um die Störung im Rotorlagewinkel θ^* weitergedreht werden. Damit sind die Rotorlagestörungen im dq-System beschrieben und Schritt 1 der Methodik ist abgeschlossen. Eine Fourierreihenentwicklung ist nicht notwendig, da die angenommene Störung θ^* stetig und sinusförmig ist.

Wie aus (39) ersichtlich wirkt die Winkelstörung sowohl auf die Ströme als auch auf die Spannungen im Regelkreis der FOR. Es handelt sich folglich um den definierten Fall c). Weiterhin greifen die Störungen multiplikativ ein. Der entsprechende Regelkreis mit Störeingriff ist in Abbildung 14 dargestellt.

Durch den multiplikativen Eingriff kann die Störübertragungsfunktion von der Winkelstörung θ^* auf i_{dq}^* nicht direkt angegeben werden, sondern muss über eine Nebenrechnung hergeleitet werden. Hierzu ist zunächst die Übertragungsfunktion vom Referenzwert i_{dq_ref} auf die mit Störungen überlagerte Regelgröße $i_{dq\_ref}+i_{dq}^*$ notwendig. Diese ergibt sich für den in Abbildung 14 dargestellten Regelkreis zu (40).

$$\frac{i_{dq\_ref}(j\cdot\omega_{FOR})+i_{dq}^*(j\cdot\omega_{FOR})}{i_{dq\_ref}(j\cdot\omega_{FOR})}=F(j\cdot\omega_{FOR})\cdot Four\{e^{j\cdot\theta^*}\}$$

(40)

Hierbei stellt $Four\{e^{j\cdot\theta^*}\}$ die Fouriertransformierte von $e^{j\cdot\theta^*}$ dar.

Um in (40) die Fouriertransformierte zu berechnen und um das Referenzmoment von der überlagerten Störung zu trennen, wird die e-Funktion als Taylorreihe bis zur ersten Ordnung entwickelt (41).

$$Four\{e^{j\cdot\theta^*}\}\approx Four\{1+j\cdot\theta^*\}=2\pi\delta(j\cdot\omega_{FOR})+j\cdot\theta^*(j\cdot\omega_{FOR})$$

(41)

Hierbei bezeichnet δ den Dirac-Impuls. Damit kann (40) zu (42) umgeschrieben werden.

$$\frac{i_{dq\_ref}(j\cdot\omega_{FOR})+i_{dq}^*(j\cdot\omega_{FOR})}{i_{dq\_ref}(j\cdot\omega_{FOR})}=\underbrace{F(j\cdot\omega_{FOR})2\pi\delta(j\cdot\omega_{FOR})}_{=1}\\+F(j\cdot\omega_{FOR})\cdot j\cdot\theta^*(j\cdot\omega_{FOR})$$

(42)

Nun kann der linke Quotient aufgelöst und Gleichung (42) zu (43) vereinfacht werden.

$$i_{dq}^*(j\cdot\omega_{FOR})=i_{dq\_ref}(j\cdot\omega_{FOR})\cdot F(j\cdot\omega_{FOR})\cdot j\cdot\theta^*(j\cdot\omega_{FOR})$$

(43)

Aus (43) kann schlussendlich die gewünschte Störübertragungsfunktion von θ^* auf i_{dq}^* angegeben werden (44).

$$\frac{i_{dq}^*(j\cdot\omega_{FOR})}{\theta^*(j\cdot\omega_{FOR})}=j\cdot i_{dq\_ref}(j\cdot\omega_{FOR})\cdot F(j\cdot\omega_{FOR})$$

(44)

Eine Transformation von (44) in den Zeitbereich ergibt (45).

$$i_{dq}^*=j\cdot\hat{I}\cdot e^{j\cdot\varphi}\cdot\sum_k\left|F(j\cdot k\cdot\omega_{mech})\right|\cdot a_k\sin(k\cdot\omega_{mech}t+\arg(F))$$

(45)

Hierbei werden die Referenzströme in der Exponentialform angegeben $\hat{I}\cdot e^{j\cdot\varphi}$ und die Winkelstörungen θ^* werden nach (36) ausgeschrieben. Damit ist die Störung in den Motorströmen durch Ordnungsstörungen im Rotorlagewinkel beschrieben und kann als Trajektorie dargestellt werden, Abbildung 15.

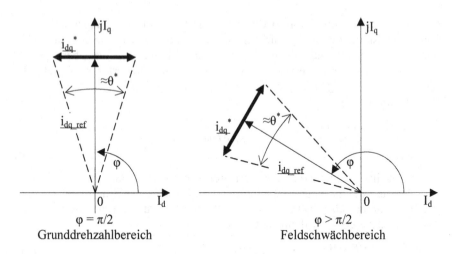

$\varphi = \pi/2$ $\varphi > \pi/2$

Grunddrehzahlbereich   Feldschwächbereich

Abbildung 15:   Trajektorie der Rotorlagestörungen

Die Form der Trajektorie weicht von denen der Strommessfehler ab. Die Störung bewegt sich nicht auf einer Kreisbahn, sondern schwankt um die Spitze des Sollwerts. Im Gegensatz zur Kreisbahn wirkt sich die Neigung des Sollstromvektors im Feldschwächbereich auf die Ausrichtung der Trajektorie aus. Im Grunddrehzahlbereich tritt die Störung nur in der d-Achse auf. In der Feldschwächung wechselt die Wirkung allmählich in die q-Achse. Die Häufigkeit der Schwankungen hängt von der Ordnung der Störung ab. Bei einer Störung erster Ordnung geschieht dies einmal in jeder mechanischen Umdrehung und entsprechend häufiger bei höheren Ordnungen. Die Berechnung der Störung im abgegebenen Moment ist in (46) angegeben.

$$M = \frac{3}{2} Z_p \Psi_{PM} \, \mathrm{Im}\{\underline{i}_{dq\_ref} + \underline{i}_{dq}^{*}\}$$

$$M = \frac{3}{2} Z_p \Psi_{PM} \left(\underbrace{\hat{I}\sin(\varphi)}_{1)} + \underbrace{\hat{I}\cos(\varphi) \cdot \sum_k |F(j \cdot k \cdot \omega_{mech})| \cdot a_k \sin(k \cdot \omega_{mech}t + \arg(F))}_{2)} \right) \tag{46}$$

Der erste Ausdruck 1) in Gleichung (46) stellt das gewünschte Moment dar. Der zweite Ausdruck 2) repräsentiert die überlagerte Störung aufgrund der nichtidealen Rotorlagemessung. Aus der Darstellung ist ersichtlich, dass die Störung im abgegebenen Moment die gleiche Charakteristik wie die Störung im Rotorlagewinkel θ^{*} aufweist.

Die Amplitude der Störung ist von der Feldschwächung abhängig. Für langsame Drehzahlen ohne Feldschwächung beträgt der Feldschwächwinkel $\varphi = \pi/2$

und die Störung im Moment ist vernachlässigbar klein. Beim Eintritt in die Feldschwächung und mit steigender Drehzahl wächst φ stark Richtung π an, siehe Abbildung 5. Entsprechend steigt die Amplitude der Störung stark an.

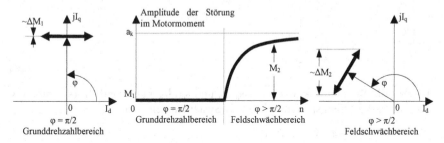

Abbildung 16: Amplitude der Störungen im Motormoment durch Störungen im Rotorlagewinkel

Dieses Verhalten kann durch die Trajektorie der Störung veranschaulicht werden. Im Grunddrehzahlbereich ist der Einfluss der Trajektorie auf den momentbildenden Querstrom i_q gering. In der Feldschwächung hingegen wird der Einfluss auf i_q signifikant. Abbildung 16 fasst diesen Zusammenhang grafisch zusammen.

3.2.4 Schutzzeiten des Wechselrichters

Die Schutzzeiten des Wechselrichters sind notwendig, um Kurzschlüsse zu vermeiden. Durch die Schutzzeiten werden die Pulsbreiten der PWM verfälscht und somit auch die Stellspannungen u_{0abc} gestört, siehe Abbildung 2. Die Spannungsstörungen wurden in 2.2.4 eingeführt und sind noch mal in (47) angegeben.

$$u_{0a} = u_{0a\_ref} + u_{0a}^{*}$$
$$u_{0b} = u_{0b\_ref} + u_{0b}^{*}$$
$$u_{0c} = u_{0c\_ref} + u_{0c}^{*}$$

$$\begin{pmatrix} u_{0a}^{*} \\ u_{0b}^{*} \\ u_{0c}^{*} \end{pmatrix} = \underbrace{\frac{-T_s U_{Batt}}{T_{PWM}}}_{\Delta e} \begin{pmatrix} \mathrm{sgn}(i_a) \\ \mathrm{sgn}(i_b) \\ \mathrm{sgn}(i_c) \end{pmatrix}$$

(47)

Hierbei wird die Amplitude der Störung mit Δe abgekürzt. Die Spannungsstörungen u_{0abc}^{*} beziehen sich auf die Spannungen zwischen den Motorphasen und dem 0V Potential des Steuergeräts. Um die Auswirkungen auf die Motorströme zu ermitteln, werden in einem ersten Schritt die Spannungsstörungen u_{0abc}^* in Störungen der Strangspannungen u_{abc}^* umgerechnet (48).

$$\begin{pmatrix} u_a^* \\ u_b^* \\ u_c^* \end{pmatrix} = \Delta e \cdot \begin{pmatrix} \frac{2}{3}s_a - \frac{1}{3}s_b - \frac{1}{3}s_c \\ \frac{2}{3}s_b - \frac{1}{3}s_c - \frac{1}{3}s_a \\ \frac{2}{3}s_c - \frac{1}{3}s_b - \frac{1}{3}s_a \end{pmatrix}$$

(48)

Hierbei die Signumfunktionen mit s_a, s_b und s_c abgekürzt sind. In (49) sind die Störungen der Strangspannungen im dq-System angegeben.

$$\begin{pmatrix} u_d^* \\ u_q^* \end{pmatrix} = \Delta e \cdot \begin{pmatrix} B\cos(\theta_{el}) + C\sin(\theta_{el}) \\ C\cos(\theta_{el}) - B\sin(\theta_{el}) \end{pmatrix}$$

(49)

$$B = \frac{2}{3}s_a - \frac{1}{3}s_b - \frac{1}{3}s_c$$

$$C = \frac{1}{\sqrt{3}}s_b - \frac{1}{\sqrt{3}}s_c$$

Nach der trigonometrischen Beziehung (50) kann u_d^* und u_q^* zu (51) vereinfacht werden.

$$B\sin x + C\sin x = \sqrt{B^2 + C^2}\,\sin(x + \tan^{-1}(\frac{B}{C}))$$

(50)

$$\begin{pmatrix} u_d^* \\ u_q^* \end{pmatrix} = \frac{4}{3}\Delta e \cdot \begin{pmatrix} \sin(-\varphi + \kappa + \frac{1}{3}\pi) \\ \sin(-\varphi + \kappa + \frac{5}{6}\pi) \end{pmatrix}$$

(51)

Hierbei ist κ nach (52) definiert und mit der Modulofunktion mod zwischen 0 und $\pi/3$ beschränkt.

$$\kappa = (\theta_{el} + \varphi - \frac{\pi}{2})_{\mathrm{mod}\frac{\pi}{3}}$$

(52)

In Abbildung 17 sind die Spannungsstörungen (51) im dq-System in Abhängigkeit des Feldschwächwinkels dargestellt.

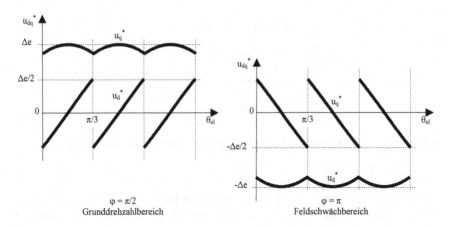

Abbildung 17: Spannungsstörungen durch Schutzzeiten in Abhängigkeit der Feldschwächung

Während im Grunddrehzahlbereich der Spitze-Spitze-Wert für u_d um ein Vielfaches größer ist als der für u_q, ist es im Feldschwächbereich umgekehrt. Unter der zusätzlichen Gegebenheit, dass die Spannung u_q mit zunehmender Feldschwächung abnimmt, wird der störende Anteil bei hohen Drehzahlen zunehmend dominanter.

Die Störung ist nicht stetig und weist für $\kappa=0$ einen Sprung auf. Für weitere Rechnungen werden die Unstetigkeiten durch eine Fourierreihenentwicklung eliminiert. Die Summanden der Fourierreihe weisen die elektrischen Ordnungen 6, 12, 18, usw. und einen konstanten Anteil auf. Häufig ist nur die sechste Ordnung von Interesse, da die Amplituden höherer Ordnungen vergleichsweise klein sind und der konstante Anteil vom Regler ausgeregelt wird. Gleichung (53) gibt die Summanden der Fourierreihe sechster Ordnung an.

$$
\begin{pmatrix} u_{d6}^* \\ u_{q6}^* \end{pmatrix} = \frac{4}{3}\Delta e \cdot \left(\begin{array}{l} -\dfrac{6}{35\pi}\cos(\varphi)\cdot\cos(6\cdot(\theta_{el}+\varphi-\dfrac{\pi}{2})) \\ -\dfrac{6}{35\pi}\sin(\varphi)\cdot\cos(6\cdot(\theta_{el}+\varphi-\dfrac{\pi}{2})) \end{array} \right.
$$
$$
\left. \begin{array}{l} -\dfrac{36}{35\pi}\sin(\varphi)\cdot\sin(6\cdot(\theta_{el}+\varphi-\dfrac{\pi}{2})) \\ +\dfrac{36}{35\pi}\cos(\varphi)\cdot\sin(6\cdot(\theta_{el}+\varphi-\dfrac{\pi}{2})) \end{array} \right)
$$

(53)

Zum Vergleich sind in (54) die Summanden der zwölften Ordnung angegeben. Die Amplitude ist um ca. 75% kleiner als die der sechsten Ordnung und wird im Weiteren vernachlässigt.

$$\begin{pmatrix} u_{d12}^{*} \\ u_{q12}^{*} \end{pmatrix} = \frac{4}{3}\Delta e \cdot \left(\begin{array}{l} -\dfrac{6}{143\pi}\cos(\varphi)\cdot\cos(6\cdot(\theta_{el}+\varphi-\dfrac{\pi}{2})) \\[2mm] -\dfrac{6}{143\pi}\sin(\varphi)\cdot\cos(6\cdot(\theta_{el}+\varphi-\dfrac{\pi}{2})) \end{array} \right.$$

$$\left. \begin{array}{l} -\dfrac{72}{143\pi}\sin(\varphi)\cdot\sin(6\cdot(\theta_{el}+\varphi-\dfrac{\pi}{2})) \\[2mm] +\dfrac{72}{173\pi}\cos(\varphi)\cdot\sin(6\cdot(\theta_{el}+\varphi-\dfrac{\pi}{2})) \end{array} \right) \tag{54}$$

Für weitere Rechnungen ist die komplexe Schreibweise von Vorteil (55).

$$\underline{u_{dq6}}^{*}(6\omega_{el}t)=u_{d6}^{*}(6\omega_{el}t)+j\cdot u_{q6}^{*}(6\omega_{el}t) \tag{55}$$

Mit (55) ist die Störung durch die Schutzzeiten im dq-System beschrieben und Schritt 1 der Methodik ist abgeschlossen. Durch die Fourierreihenentwicklung ist die Störung sinusförmig.

 Die Störung greift im komplexen Regelkreis der FOR auf die Stellgröße additiv ein, Fall a). Hierdurch weicht der Motorstrom i_{dq_ref} von der Sollvorgabe um die Störung i_{dq}^{*} ab, Abbildung 18. Die Störübertragungsfunktion kann in diesem Fall direkt angegeben werden (56).

$$\frac{\underline{i_{dq}}^{*}(j\cdot\omega_{FOR})}{\underline{u_{dq}}^{*}(j\cdot\omega_{FOR})}=S(j\cdot\omega_{FOR}) \tag{56}$$

Eine Transformation von (56) in den Zeitbereich ergibt (57).

$$\underline{i_{dq}}^{*}=S(j\cdot6\omega_{el})\cdot\underline{u_{dq6}}^{*}(6\omega_{el}t)=\left|S(j\cdot6\omega_{el})\right|\cdot\underline{u_{dq6}}^{*}(6\omega_{el}t+\arg(S)) \tag{57}$$

Damit ist die Störung durch die Schutzzeiten des Wechselrichters beschrieben und kann als Trajektorie dargestellt werden, Abbildung 19.

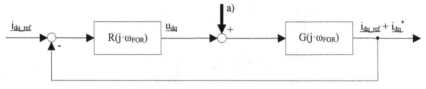

Abbildung 18: Eingriffspunkt der Schutzzeitstörung

 Im dq-System nimmt die Trajektorie die Form einer Ellipse an, welche sich sechsmal in einer elektrischen Motorumdrehung wiederholt. Die kleine Halbachse der Ellipse ist um ein Vielfaches kürzer als die große Halbachse. Im Grunddrehzahlbereich ist die Ellipse so ausgerichtet, dass die kleine Halbachse auf die q-Achse wirkt und die große auf die d-Achse.

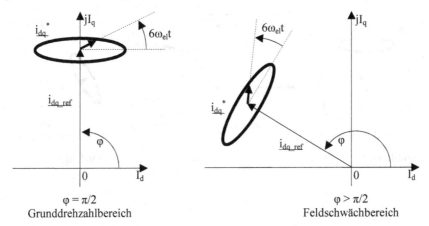

$\varphi = \pi/2$
Grunddrehzahlbereich

$\varphi > \pi/2$
Feldschwächbereich

Abbildung 19:   Trajektorie der Störung durch Schutzzeiten

In der Feldschwächung dreht sich die Ellipse und die Verhältnisse wechseln mit steigendem Feldschwächwinkel. An dieser Stelle wird der Bezug zu den gezeigten Spannungsstörungen im dq-System deutlich, siehe Abbildung 17. Auch dort ist im Grunddrehzahlbereich die Welligkeit der d-Spannung groß und die der q-Spannung gering. Im Feldschwächbereich wechseln die Verhältnisse. Die Berechnung der Auswirkungen auf das Motormoment erfolgt, wie bei den anderen Störungen, über die Momentengleichung der PMSM (14) und ist in (58) angegeben.

$$M = \frac{3}{2} Z_p \Psi_{PM} \, \mathrm{Im}\{i_{dq\_ref} + i_{dq}^{*}\}$$

$$M = \frac{3}{2} Z_p \Psi_{PM} \left(\underbrace{\hat{I} \sin(\varphi)}_{1)} + \underbrace{\left| S(j \cdot 6\omega_{el}) \right| \cdot u_{q6}^{*} (6\omega_{el}t + \arg(S))}_{2)} \right)$$

$$(58)$$

Der erste Ausdruck 1) in Gleichung (58) repräsentiert den Anteil am gewünschten Moment. Der zweite 2) Ausdruck repräsentiert die überlagerte Störung aufgrund der Schutzzeiten. Die Störungen können im Moment anhand der Trajektorie anschaulich dargestellt werden. Im niedrigen Drehzahlbereich ohne Feldschwächung liegt die große Halbachse der Ellipse parallel zur d-Achse. In diesem Fall sind die Amplituden der Störungen im Querstrom klein, was kleine Störungen in der Momentabgabe zur Folge hat. Mit zunehmender Feldschwächung dreht sich die große Halbachse in Richtung der q-Achse. Entsprechend der

Feldschwächung nehmen die Störungen im Querstrom und in der Momentabgabe zu. Abbildung 20 fasst diesen Zusammenhang grafisch zusammen.

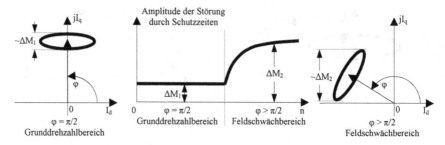

Abbildung 20: Amplitude der Störung durch die Schutzzeiten über Drehzahl

4 Kompensation der Störungen

Zu den definierten Störungen liegt nun eine Beschreibung nach der vorgestellten Methodik, vom Grunddrehzahlbereich bis zur Feldschwächung, vor. Die in Abschnitt 2.2 aufgeführten Vorschläge zur Kompensation können hier, aus den dort beschriebenen Gründen, leider nicht eingesetzt werden. Dieses Kapitel stellt neue Kompensationen vor.

Ziel der Kompensationen ist es die Amplituden der Störungen zu senken. Wie im Abschnitt 2.2 erläutert ist hierbei nicht der absolute Wert der kompensierten Amplitude von Interesse. Vielmehr ist es der relative Unterschied zwischen dem kompensierten und unkompensierten Niveau. Inwieweit die vorgestellten Kompensationen wirken, wird in Kapitel 6 grafisch dargestellt und diskutiert. Die Anforderungen an die Kompensation leiten sich hauptsächlich aus dem zugrundeliegenden System ab:

■ Es kann nur die definierte Sensorik verwendet werden.

■ Die Kompensation muss sowohl im Grunddrehzahlbereich als auch in der Feldschwächung wirken.

■ Die Referenzwerte können im Betrieb Sprünge aufweisen.

■ Die Kompensationen müssen zeitdiskret auf einem Mikrocontroller mit verhältnismäßig geringer Abtastzeit implementiert werden.

■ Die Kompensationen dürfen von anderen Störungen nicht beeinflusst werden und dürfen sich auch gegenseitig nicht beeinflussen.

Aus diesen Anforderungen und mit Hilfe der Störungsbeschreibungen aus dem letzten Kapitel werden neue Kompensationen entwickelt oder bekannte erweitert.

Zur Kompensation der Strommessfehler eignet sich prinzipiell das beobachterbasierte Konzept, siehe Abschnitt 2.2.2. Es muss jedoch an Sollwertsprünge angepasst und diskretisiert werden. Im Abschnitt 4.1 wird genauer auf die notwendigen Anpassungen eingegangen.

Zur Kompensation der Ordnungsstörungen im Rotorlagewinkel ist keine Kompensation bekannt, welche hier einsetzbar wäre, siehe Abschnitt 2.2.3. Insbesondere der Feldschwächbereich ist bisher ausgeklammert. In Abschnitt 4.2 wird ein neues Konzept zur Kompensation dieser Störungen vorgestellt.

Die bekannte und häufig eingesetzte Kompensation der Störungen durch Schutzzeiten des Wechselrichters kann im betrachteten System aufgrund der geringen Abtastzeit nicht eingesetzt werden, siehe Abschnitt 2.2.4. Im Abschnitt 4.3 wird zunächst die Problematik der niedrigen Abtastzeit erläutert und dann die bekannte Kompensation so erweitert, dass diese trotz niedriger Abtastzeiten effektiv bleibt.

4.1 Strommessfehler

Im Folgenden wird das Konzept zur Kompensation der Strommessfehler, welche in Abschnitt 3.2.1 und 3.2.2 beschrieben werden, vorgestellt. Es wird der beobachterbasierte Ansatz nach [27] verfolgt. Die Idee hierbei ist es mittels eines Luenberger-Beobachters die strommessbedingten Störungen erster und zweiter elektrischer Ordnung zu rekonstruieren und dann aus der Stromessung zu subtrahieren.

Zur Entwicklung des Beobachters sind genaue Regelstreckenkenntnisse und die Charakteristik der Störungen notwendig. Aus diesen und den gemessenen Strömen sowie den Stellspannungen des Reglers können die Amplitude und Phase der Störung bestimmt werden. Damit lassen sich die eigentlichen Störungen aus der Messung herausrechnen.

Eine Herausforderung am beobachterbasierten Ansatz ist, dass Sollwertsprünge vom Beobachter als Störungen interpretiert werden. Das führt zu einer ungewünschten Beeinflussung des Übertragungsverhaltens der Regelstrecke. Weiterhin können sich im zugrundeliegenden System die Regelstreckenparameter über Temperatur ändern, was Einfluss auf die Kompensation hat. Aus diesem Grund wird der in [27] vorgestellte Beobachter für den Einsatz unter Sollwertsprüngen und nicht genau bekannten Regelstreckenparametern erweitert.

In den folgenden drei Abschnitten wird ein Luenberger-Beobachter, der diese Anforderungen erfüllt, aufgestellt. Der Entwurf findet zunächst im kontinuierlichen Frequenzbereich statt. Für die Implementierung auf dem Mikrocontroller wird der Beobachter dann in den diskreten Zeitbereich transformiert.

4.1.1 Aufstellen des Luenberger-Beobachters

Für das Aufstellen des Luenberger-Beobachters wird das Zustandsraummodell des zu beobachtenden Systems benötigt. Das zu beobachtende System besteht in diesem Fall aus der PMSM und den aufgeschalteten Störungen durch Offset- und Verstärkungsfehler. Der Regler ist nicht Bestandteil des zu beobachtenden Systems. In Abbildung 21 sind die relevanten Komponenten des Regelkreises, ausgehend von der Stellspannung $\underline{u}_{dq}$ bis zum gemessenen Strom $\underline{i}_{dq\_mess}$, grau hinterlegt. Die Störungen durch Offset- und Verstärkungsfehler werden als Summe aufgeschaltet und sind in (59) noch mal angegeben.

$$\underline{i}_{dq\_err} = \underline{i}_{dq\_offset} + \underline{i}_{dq\_gain} = \hat{I}_{Offset} \cdot e^{j(\omega_{el}t)} + \hat{I}_{gain} \cdot e^{j(2\omega_{el}t+\varphi)}$$

(59)

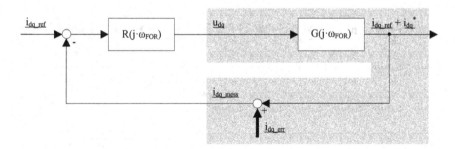

Abbildung 21: Ausschnitt der Regelstrecke zur Überführung in das Zustandsraum-modell

Zur Überführung in das Zustandsraummodell wird der in Abbildung 21 grau hinterlegte Ausschnitt in die alternative Darstellung nach Abbildung 22 überge-führt, ebenfalls grau hinterlegt. Parallel dazu ist der Luenberger-Beobachter abgebildet.

Die Systemmatrizen **A** bis **C** bilden das reale Verhalten der PMSM mit den Störungen durch Strommessfehler nach. Eine explizite Aufschaltung der Störun-gen, wie in Abbildung 21, ist im Zustandsraummodell nicht vorgesehen. Die Störungen werden stattdessen im Zustandsvektor **x** und den Systemmatrizen berücksichtigt.

Die Parameter der Systemmatrizen **A** bis **C** sind nicht genau bekannt oder können beispielsweise aufgrund von Temperaturdrift von den angenommenen Werten abweichen. Deswegen enthalten die Systemmatrizen $\mathbf{A_b}$ bis $\mathbf{C_b}$ des Be-obachters nur die ungefähren Parameter der Regelstrecke. Um die dadurch ent-stehende Abweichung zwischen dem realem Strommesswert und dem vom Beobachter ermittelten zu minimieren, wird die Differenz der beiden Strom-messwerte über den Vektor $\mathbf{l_0}$ dem Beobachter zurückgeführt. Die Struktur der Beobachter-Systemmatrizen ist von der Modellierung des Zustandsvektors $\mathbf{x_b}$ abhängig. Dieser ist durch (60) festgelegt.

$$\mathbf{x_b} = \begin{pmatrix} x_{b1} \\ x_{b2} \\ x_{b3} \\ x_{b4} \\ x_{b5} \end{pmatrix} = \begin{pmatrix} i_{dq\_mess\_b} \\ i_{dq\_offset\_b} \\ d/dt(i_{dq\_offset\_b}) \\ i_{dq\_gain\_b} \\ d/dt(i_{dq\_gain\_b}) \end{pmatrix}$$

(60)

Hierbei entspricht der Zustand x_{b1} dem gemessenen Strom einschließlich der Störungen durch Offset- und Verstärkungsfehler. Die Zustände x_{b2} und x_{b4} reprä-sentieren die Störungen isoliert. Die Zustände x_{b3} und x_{b5} sind Ableitungen der Zustände x_{b2} bzw. x_{b4} und sind für das Aufstellen des Beobachters notwendig.

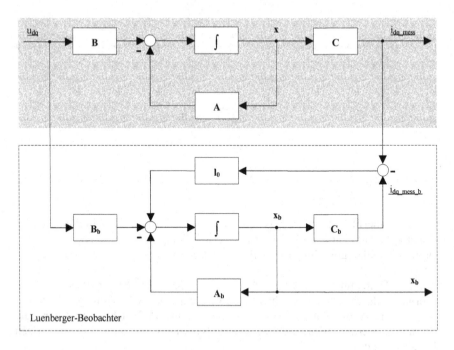

Abbildung 22:   Zustandsraummodell und Luenberger-Beobachter

Entsprechend des definierten Zustandsvektors ergeben sich die Systemmatrizen des Beobachters zu (61).

$$\mathbf{A_b} = \begin{pmatrix} -\dfrac{R}{L} & \dfrac{R}{L} & \omega_{el} & \dfrac{R}{L} & 2\omega_{el} \\ 0 & 0 & \omega_{el} & 0 & 0 \\ 0 & -\omega_{el} & 0 & 0 & 0 \\ 0 & 0 & 0 & 0 & 2\omega_{el} \\ 0 & 0 & 0 & -2\omega_{el} & 0 \end{pmatrix}; \ \mathbf{B_b} = \begin{pmatrix} \dfrac{1}{L} \\ 0 \\ 0 \\ 0 \\ 0 \end{pmatrix}; \ \mathbf{C_b}^T = \begin{pmatrix} 1 \\ 0 \\ 0 \\ 0 \\ 0 \end{pmatrix}; \ \mathbf{l_0} = \begin{pmatrix} l_1 \\ l_2 \\ l_3 \\ l_4 \\ l_5 \end{pmatrix}$$

(61)

Bis auf den Vektor $\mathbf{l_0}$ sind die Parameter der Systemmatrizen dem Entwurfsverfahren nach fest vorgeschrieben. Es gilt nun die Parameter des Vektors $\mathbf{l_0}$ so zu wählen, dass der Einfluss der Parameterabweichungen in den Systemmatrizen möglichst klein ist und die beobachteten Größen möglichst schnell den realen folgen.

In [27] wird gezeigt, dass der Einfluss von Parameterabweichungen durch die Wahl von $\mathbf{l_0}$ mit $l_3=l_5=0$ minimiert wird. Damit die beobachteten Größen den realen möglichst schnell folgen, müssen die Realteile der Eigenwerte der Matrix $\hat{A} = (A - l_0 C)$ kleiner sein als die der Matrix A (62).

$$\text{Re}(\textit{Eigenwerte}(\hat{A})) < \text{Re}(\textit{Eigenwerte}(A)) \tag{62}$$

Durch die Wahl von $l_3 = l_5 = 0$ können gängige Verfahren [50] zur Bestimmung der verbliebenen Parameter von l_0 nicht genutzt werden [27]. Eine Bestimmung ist in diesem Fall nur empirisch möglich. Hierbei wird im ersten Schritt eine vielversprechende Parameterkombination ausgesucht, welche die Eigenwerte von $\hat{A}$ möglichst weit nach links in der komplexen Ebene verschiebt. Im zweiten Schritt wird diese Parameterkombination mittels Simulation auf Funktionsfähigkeit geprüft. Bei diesem Vorgehen hat sich der l_0-Vektor nach (63) als praktikabel herausgestellt.

$$l_0 = \begin{pmatrix} l_1 \\ l_2 \\ l_3 \\ l_4 \\ l_5 \end{pmatrix} = \begin{pmatrix} 3\omega_{el} \\ \omega_{el} \\ 0 \\ 2\omega_{el} \\ 0 \end{pmatrix} \cdot d, \quad d \in \mathbb{N} \tag{63}$$

Das Verhältnis der Einträge $l_1 : l_2 : l_4$ zu $3:1:2$ ist für die Stabilität des Beobachters bei nicht konstanten Drehzahlen notwendig. Durch die Erhöhung des Multiplikators d kann die Dynamik des Beobachters erhöht werden.

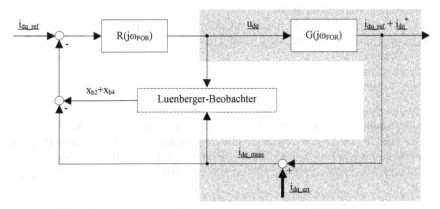

Abbildung 23: Kompensation der Strommessfehler durch den Beobachter

Für eine gute Kompensation über alle Betriebsbereichen hat sich d=3 als geeignet herausgestellt. Mit dieser Einstellung sind alle Parameter des Beobachters festgelegt und der Beobachter kann zur Kompensation der Strommessfehler in den Regelkreis eingebunden werden. Die Kompensation erfolgt durch Rausführung und negative Aufschaltung der Zustände x_{b2} und x_{b4} des Beobachters. Die Zustände x_{b2} und x_{b4} entsprechen in Amplitude und Phase den Störungen durch Strommessfehler und kompensieren diese entsprechend durch negative Aufschaltung, Abbildung 23.

4.1.2 Anpassung des Beobachters an Referenzwertsprünge

In einem System ohne Referenzwertsprünge wäre der Beobachtbar einsetzbar. Im Lenksystem treten allerdings Referenzwertsprünge auf. Referenzwertsprünge wirken sich über den Proportionalitätsfaktor K_p des Reglers direkt auf die Stellspannungen $\underline{u}_{dq}$ aus. Infolgedessen steigen auch die Ströme in der Maschine $\underline{i}_{dq}$ schnell an. Im Frequenzbereich weisen diese Sprünge alle Frequenzen, auch die beiden Frequenzen der ersten ω_{el} und zweiten $2\omega_{el}$ elektrischen Ordnung, auf. Die sprunghaft höheren Amplituden in den Störfrequenzen werden vom Beobachter als Anstieg der Störamplituden interpretiert, woraufhin die Amplituden in den Kompensationssignalen x_{b2} und x_{b4} entsprechend ansteigen. Das führt zu einer „Überkompensation", was sich im Regelkreis als Überschwingen der Regelgröße bemerkbar macht und das Übertragungsverhalten des Regelkreises beeinflusst. Das Übertragungsverhalten ist jedoch ein wichtiges Kriterium für das Lenkgefühl und darf vom Beobachter nicht beeinflusst werden. Aus diesem Grund muss der Beobachter so angepasst werden, dass das Übertragungsverhaltens bei Referenzwertsprüngen nicht beeinflusst wird und gleichzeitig die Kompensation gewährleistet bleibt.

Die Anpassung an Referenzwertsprünge wird in [51] beschrieben und erfolgt grob durch geeignete Manipulation der Eingangssignale $\underline{u}_{dq}$ und $\underline{i}_{dq\_mess}$ des Beobachters.

4.1.3 Diskretisierung des Beobachters

Um den Beobachter auf dem Mikrocontroller mit der Abtastzeit T_a implementieren zu können, muss der kontinuierlich entworfene Beobachter diskretisiert werden. Hierfür wird der Beobachter mit der bilinearen Transformation [52] aus dem kontinuierlichen in den diskreten Bildbereich überführt. Die Übertragungsfunktion des Beobachters im kontinuierlichen Bildbereich ist durch (64) gegeben.

$$j\omega \cdot \mathbf{x}_b(j\omega) = \mathbf{A}_b \mathbf{x}_b(j\omega) + \mathbf{B}_b \underline{u}_{dq}(j\omega) + \mathbf{l}_0 \underline{i}_{dq\_mess}(j\omega) \tag{64}$$

Die mit der bilinearen Transformation in den zeitdiskreten Bildbereich transformierte Übertragungsfunktion ist in (65) angegeben, wobei $\mathbf{I}$ die Einheitsmatrix der entsprechenden Dimension darstellt.

$$\mathbf{x}_b(z) = \mathbf{A}_d \mathbf{x}_b(z) \cdot z^{-1} + \mathbf{B}_d \mathbf{B}_b \cdot \left(\underline{u_{dq}}(z) + \underline{u_{dq}}(z) \cdot z^{-1} \right)$$
$$+ \mathbf{B}_d \mathbf{I}_0 \cdot \left(\underline{i_{dq\_mess}}(z) + \underline{i_{dq\_mess}}(z) \cdot z^{-1} \right) \tag{65}$$

$$\mathbf{A}_d = \left(\mathbf{I} - \frac{\mathbf{A}_b T_A}{2} \right)^{-1} \left(\mathbf{I} + \frac{\mathbf{A}_b T_A}{2} \right)$$

$$\mathbf{B}_d = \left(\mathbf{I} - \frac{\mathbf{A}_b T_A}{2} \right)^{-1} \frac{\mathbf{B}_b T_A}{2}$$

Zur Implementierung muss diese Beziehung (65) aus dem diskreten Bildbereich in den diskreten Zeitbereich transformiert werden (66).

$$\mathbf{x}_b(n) = \mathbf{A}_d \mathbf{x}_b(n-1) + \mathbf{B}_d \cdot \left(\mathbf{B}_b \cdot \left(\underline{u_{dq}}(n) + \underline{u_{dq}}(n-1) \right) + \mathbf{I}_0 \cdot \left(\underline{i_{dq\_mess}}(n) + \underline{i_{dq\_mess}}(n-1) \right) \right) \tag{66}$$

In (66) entsprechen die Signale an der Stelle n dem Zeitpunkt der aktuellen Abtastung. Signale an der Stelle n-1 entsprechen der vorhergegangenen Abtastung. Die Matrizen $\mathbf{A}_d$ und $\mathbf{B}_d$ können offline berechnet werden, so dass online nur die Anpassung an die aktuelle Winkelgeschwindigkeit ω_{el} notwendig ist.

Der Beobachter ist nach dem vorgestellten Entwurfsverfahren in der Simulation und der Modellanlage implementiert. Die Wirksamkeit wird im Abschnitt 6.2.2 gezeigt. Dabei werden, neben der eigentlichen Kompensation, auch die Auswirkungen von Referenzwertsprüngen und von abweichenden Regelstreckenparametern betrachtet.

4.2 Ordnungsstörungen im Rotorlagewinkel

Im Folgenden wird das Kompensationskonzept für Ordnungsstörungen im Rotorlagewinkel, welches in Abschnitt 3.2.3 beschrieben ist, vorgestellt. Die Kompensation muss Störungen beliebiger Ordnungen, vom Grunddrehzahlbereich bis in die Feldschwächung, kompensieren. Dabei ist es wichtig, dass auch mehrere Ordnungen gleichzeitig von der Kompensation abgedeckt werden. Aus der Literatur ist kein Konzept bekannt, welches diese Anforderungen erfüllt. Die folgenden Abschnitte geben zunächst die Idee für ein Kompensationskonzept an. Daraufhin wird diese Idee umgesetzt und schließlich für die Implementierung auf dem Mikrocontroller angepasst.

4.2.1 Idee des Kompensationskonzepts

Störungen durch ein verfälschtes Rotorlagesignal sind im Grunddrehzahlbereich vernachlässigbar. In der Feldschwächung hingegen steigen die Störungen mit der Drehzahl signifikant an, siehe Abschnitt 3.2.3. Demzufolge ist eine Kompensation auch nur im Feldschwächbereich notwendig. Im Feldschwächbereich ist die

Motordrehzahl üblicherweise hoch und die Zeit, in der sich der Rotor einmal dreht, ist entsprechend kurz. Aufgrund der Massenträgheit des Rotors, des Getriebes und der Last am Getriebe nimmt der Verlauf des Rotorlagewinkels θ_{mech} eine nahezu lineare Form über eine Motorumdrehung an. In diesem Betriebspunkt können nur die überlagerten Störungen θ^* zu einem nichtlinearen Verlauf im gemessenen Rotorlagesignal $\theta_{mess}=\theta_{mech}+\theta^*$ führen. Aufgrund der in 2.2.3 angegebenen Störungscharakteristik ist die eingeschlossene Fläche zwischen dem idealen θ_{mech} und dem gemessenen Rotorlagewinkel θ_{mess} über einer Umdrehung immer Null (67).

$$\int_{\theta_x}^{\theta_x+2\pi}\sum_k a_k \sin(k\cdot\theta_{mech})d\theta = 0$$

(67)

Diese Eigenschaft wird in der vorgestellten Kompensation genutzt, um den idealen Rotorlagewinkel θ_{mech} aus dem gestörten θ_{mess} zu extrahieren.

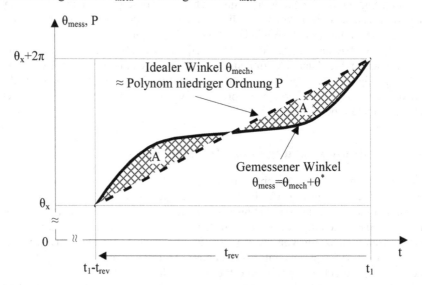

Abbildung 24:   Zusammenhang zwischen den Winkeln θ_{mech}, θ_{mess}, θ^* und dem Polynom P über eine Rotorumdrehung in der Feldschwächung

Hierfür wird der gemessene Winkel θ_{mess} von einem Polynom P niedriger Ordnung so approximiert, dass die eingeschlossene Fläche A zwischen dem Polynom und dem Winkel über eine Rotorumdrehung Null wird. Ist das erfüllt, nähert sich das Polynom P dem idealen Rotorlagewinkel an. Abbildung 24 verdeutlicht den Zusammenhang zwischen den Winkeln θ_{mech}, θ_{mess}, θ^* und dem

Polynom P über eine Rotorumdrehung in der Feldschwächung. Der Übersicht wegen wird die Rotorlagestörung mit nur einer Ordnung k=1 angenommen. Weiterhin stellt t_1 den aktuellen Zeitpunkt dar, t_{rev} ist die Zeitdauer der letzten Rotorumdrehung und A ist die Fläche zwischen θ_{mess} und θ^* oder P. Für die Park-Transformation kann dann das Polynom P als Rotorlagewinkel verwendet werden. Dadurch wären die Störungen kompensiert.

4.2.2 Umsetzung der Kompensationsidee

Zur Bestimmung des Polynoms P muss zunächst die Ordnung von P festgelegt werden. Diese ist von der Ordnungsstörung abhängig und darf nicht größer sein als die niedrigste Ordnungsstörung im Rotorlagesignal plus eins. Ist beispielsweise die niedrigste Ordnungsstörung k=5 darf die Ordnung des Polynoms nicht größer sein als o=6. Sonst wird durch P nicht der ideale Winkel θ_{mech} approximieren, sondern die Störung θ^*. Im Allgemeinen ist die niedrigstmögliche Ordnungsstörung k=1, wodurch für Wahl der Ordnung des Polynoms P auf o=1 oder o=2 eingeschränkt wird. Im Weiteren wird die Ordnung o=2 für P gewählt. Dies erlaubt eine bessere Approximation des Winkels θ_{mech}, insbesondere für beschleunigende Drehzahlen. Ein Polynom 2ter Ordnung ist durch (68) gegeben.

$$P(n) = p_1(nT_a)^2 + p_2 nT_a + p_3 \quad \text{mit } \mathbf{p} = \begin{pmatrix} p_1 & p_2 & p_3 \end{pmatrix} \tag{68}$$

Hierbei ist T_a die Abtastzeit des Mikrocontrollers und n ein Integer welcher den Zeitfortschritt angibt.

Die Koeffizienten $\mathbf{p}$ des Polynoms P müssen nun so bestimmt werden, dass die Fläche A zwischen P und θ_{mess} näherungsweise Null wird. Hierfür kann die Methode der kleinsten Quadrate genutzt werden. Die Bedingung für die Koeffizienten ist dann durch (69) gegeben.

$$\min_{p} \sum_{n=n_1}^{n_1-n_{rev}} (P(n) - \theta_{mess}(n))^2 \tag{69}$$

In Gleichung (69) stellt $\theta_{mess}(n)$ den zu den diskreten Zeitpunkten nT_a abgetasteten Rotorlagewinkel θ_{mess} dar. Analog zu den Zeiten t_1 und t_{rev} in Abbildung 24 steht n_1 für den Zeitpunkt der neuesten Abtastung und n_{rev} ist die Anzahl der Abtastungen während der letzten Motordrehung. Die Koeffizienten $\mathbf{p}$, für die (69) minimal wird, entsprechen den gesuchten Parametern von P. Die Berechnung von n_{rev} ist durch (70) gegeben.

$$n_{rev} = round(\frac{t_{rev}}{T_a}) \tag{70}$$

Hierbei rundet round(x) das Argument x zum nächsten Integerwert. Die Berechnung der Parameter $\mathbf{p}$ ist durch (71) gegeben.

$$\mathbf{p}^T = \underbrace{(\mathbf{M}^T\mathbf{M})^{-1}\mathbf{M}^T}_{\mathbf{M}^+}\,\theta_{mess\_vek} \tag{71}$$

Hierbei sind $\mathbf{M}$ und θ_{mess_vek} in (72) angegeben.

$$\mathbf{M} = \begin{bmatrix} 1 & n_1 T_a & (n_1 T_a)^2 \\ 1 & (n_1-1)T_a & ((n_1-1)T_a)^2 \\ \vdots & \vdots & \vdots \\ 1 & (n_1-n_{rev})T_a & ((n_1-n_{rev})T_a)^2 \end{bmatrix}$$

$$\theta_{mess\_vek} = \begin{pmatrix} \theta_{mess}(n_1) \\ \theta_{mess}(n_1-1) \\ \vdots \\ \theta_{mess}(n_1-n_{rev}) \end{pmatrix} \tag{72}$$

In (72) enthält der Vektor θ_{mess_vek} die letzten n_{rev} Werte des abgetasteten Rotor-lagewinkels $\theta_{mess}(n)$ und Matrix $\mathbf{M}$ die entsprechenden diskreten Zeitpunkte.

Wird das Polynom P entsprechend den Formeln (70) bis (72) bei jeder neuen Abtastung des Winkels berechnet, kann $P(n_1)$ anstelle von θ_{mess} als kompensierter Rotorlagewinkel verwendet werden (73).

$$\theta_{mech} \approx P(n_1) \tag{73}$$

Damit ist die gewünschte Kompensation gegeben.

4.2.3   Anpassung des Konzepts zur Implementierung auf dem Mikrocontroller

Bei der vorgestellten Umsetzung der Kompensationsidee wird n_{rev} zur Berechnung der Koeffizienten $\mathbf{p}$ benötigt. Beim Eintritt in den Feldschwächbereich kann n_{rev} sehr groß werden. Zudem ändert sich n_{rev} mit der Drehzahl. Beides macht die Berechnung von $\mathbf{M}^+$ zur Laufzeit mit jeder Abtastung schwierig. Aus diesem Grund wird eine angepasste Matrix $\mathbf{M}_{fix}$ und ein angepasster Vektor θ_{fix} eingeführt. Diese enthalten nur ausgewählte Werte von $\mathbf{M}$ und θ_{mess_vek}, so dass deren Länge n_{fix} konstant bleibt. Aus Rechenzeitgründen sollte n_{fix} möglichst klein sein. Der kleinste Wert von n_{fix} wird vom Nyquist-Shannon Abtasttheorem und von der höchsten zu kompensierenden Ordnungsstörung in θ^* begrenzt. Beträgt die höchste zu kompensierende Ordnungsstörung beispielsweise $k_{max}=5$, muss diese Ordnung zur Kompensation mindestens 10-mal in einer Umdrehung abgetastet werden. Folglich wird n_{fix} nach (74) festgelegt.

$$n_{fix} = 2k_{max} \tag{74}$$

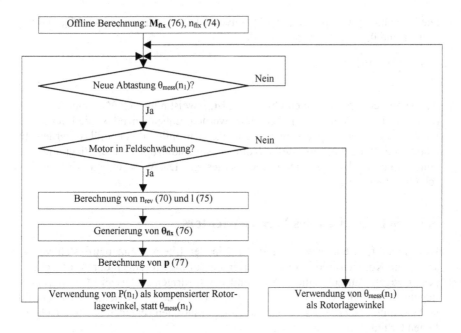

Abbildung 25: Flussdiagramm der Kompensation für Ordnungsstörungen im Rotorlagewinkel

Durch das im Vergleich zu n_{rev} reduzierte n_{fix} wird nun nur jede l-te Reihe von $\mathbf{M}$ und θ_{mess_vek} in $\mathbf{M}_{fix}$ und θ_{fix} verwendet. Gleichungen (75) und (76) geben die Berechnung von l und die entsprechende Struktur von $\mathbf{M}_{fix}$ und θ_{fix} an.

$$l = round\left(\frac{n_{rev}}{n_{fix}}\right) \tag{75}$$

$$\mathbf{M}_{fix} = \begin{bmatrix} 1 & n_1 l T_a & (n_1 l T_a)^2 \\ 1 & (n_1 - 1) l T_a & ((n_1 - 1) l T_a)^2 \\ \vdots & \vdots & \vdots \\ 1 & (n_1 - n_{fix}) l T_a & ((n_1 - n_{fix}) l T_a)^2 \end{bmatrix}$$

$$\theta_{fix} = \begin{pmatrix} \theta_{mess}(n_1) \\ \theta_{mess}(n_1 - l) \\ \vdots \\ \theta_{mess}(n_1 - n_{fix} l) \end{pmatrix} \tag{76}$$

Die Berechnung von **p** bleibt zu (71) unverändert, es müssen jedoch $\mathbf{M}_{\text{fix}}$ und θ_{fix} statt **M** und $\theta_{\text{mess\_vek}}$ verwendet werden (77).

$$\mathbf{p}^T = \underbrace{(\mathbf{M}_{\text{fix}}{}^T \mathbf{M}_{\text{fix}})^{-1} \mathbf{M}_{\text{fix}}{}^T}_{\mathbf{M}_{\text{fix}}{}^+} \theta_{\text{fix}}$$

$$(77)$$

Aufgrund der nun konstanten Größe von $\mathbf{M}_{\text{fix}}$, weist nun auch $\mathbf{M}_{\text{fix}}{}^+$ eine konstante Größe auf und kann offline berechnet werden. Entsprechend ist die Rechenzeit für die Koeffizienten **p** geringer und kann auch online durchgeführt werden. In Abbildung 25 ist das vorgestellte Kompensationskonzept als Flussdiagramm zur Umsetzung auf dem Mikrocontroller dargestellt. Die Wirksamkeit wird im Abschnitt 6.2.3 gezeigt.

4.3   Schutzzeiten des Wechselrichters

Das am einfachsten umzusetzende und in der Literatur am häufigsten vorgeschlagene Kompensationskonzept beruht darauf die Störungen durch die Schutzzeiten negativ aufzuschalten. Aufgrund der niedrigen Abtastzeit des zugrundeliegenden Systems verliert diese Kompensation jedoch mit steigender Drehzahl an Wirkung. Andere vorgeschlagene Kompensationen scheiden aus unterschiedlichen Gründen aus, Abschnitt 2.2.4.

Das hier vorgestellte Konzept beruht auf der negativen Aufschaltung der Störungen. Für eine hinreichende Kompensation bei hohen Drehzahlen wird eine neuartige Anpassung des Konzepts vorgestellt. Hierzu werden zunächst der Einfluss niedriger Abtastzeiten auf das bekannte Konzept erläutert und daraufhin die notwendigen Anpassungen hergeleitet.

4.3.1   Einfluss niedriger Abtastraten

Der Mikrocontroller mit der implementierten Kompensationsmethode weist eine konstante Abtastzeit T_a auf. Durch die Abtastzeit erfolgt die Aktualisierung der Referenzspannungen sowie die Messung der Motorströme und des Rotorlagewinkels zu den diskreten Zeitpunkten $n \cdot T_a$.

Nach dem Stand der Technik werden die schutzzeitbedingten Störungen (47) durch Aufschalten der Kompensationsspannungen (78) kompensiert werden, Abbildung 26.

$$\begin{pmatrix} u_{0a\_k} \\ u_{0b\_k} \\ u_{0c\_k} \end{pmatrix} = -\Delta e \cdot \begin{pmatrix} \text{sgn}(i_a) \\ \text{sgn}(i_b) \\ \text{sgn}(i_c) \end{pmatrix} = -\Delta e \cdot \begin{pmatrix} \text{sgn}(\cos(\theta_{el\_Ta} + \varphi_{Ta})) \\ \text{sgn}(\cos(\theta_{el\_Ta} + \varphi_{Ta} - 2\pi/3)) \\ \text{sgn}(\cos(\theta_{el\_Ta} + \varphi_{Ta} - 4\pi/3)) \end{pmatrix}$$

$$(78)$$

Dabei ist die Störungsamplitude Δe bekannt und die Stromvorzeichen wie in (78) angegeben bestimmbar. Der Winkel θ_{el_Ta} stellt hier den abgetasteten Rotorlage- winkel dar und φ_{Ta} wird aus den abgetasteten Motorströmen berechnet.

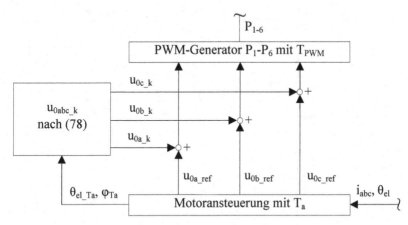

Abbildung 26: Aufschaltung der Kompensationsspannungen

Durch die Kompensationsspannungen (78) werden die schutzzeitbedingten Störungen nur dann wie gewünscht kompensiert, wenn zwischen zwei Takt- schritten kein Vorzeichenwechsel der Motorströme stattfindet. Findet ein Vor- zeichenwechsel zwischen zwei Taktschritten statt, wird vom Zeitpunkt des Vor- zeichenwechsels bis zur Aktualisierung der Kompensationsspannungen ein falscher Kompensationswert aufgeschaltet. Die in dieser Zeit entstehenden Stö- rungen haben die doppelte Amplitude von u_{0abc}^{*} und werden hier als u_{0abc_rad} bezeichnet. In Systemen mit hohen Abtastraten ist die Zeitdauer dieser Störun- gen vernachlässigbar und dadurch eine nahezu vollständige Kompensation schutzzeitbedingter Störungen nach (78) möglich. In Systemen mit niedrigen Abtastraten müssen die Störungen u_{0abc_rad} berücksichtigt werden. Abbildung 27 stellt beispielhaft den Verlauf des Phasenstroms i_a, die schutzzeitbedingte Span- nungsstörung u_{0a}^{*}, die Kompensationsspannung u_{0a_k} und die entstehende Span- nungsstörung u_{0a_rad} dar.

Die Vorzeichenwechsel der Motorströme finden sechsmal in einer elektri- schen Motordrehung und immer zwischen zwei Abtastschritten statt. Infolgedes- sen treten die Störungen u_{0abc_rad}, transformiert ins dq-System zu u_{dq_rad}, ebenfalls sechsmal in einer elektrischen Motordrehung auf. Die daraus resultierenden Stromstörungen $i_{dq\_rad\_6}$ weisen hauptsächlich die sechste Ordnung auf und stei- gen mit der Drehzahl des Motors sowie mit der Tiefe der Feldschwächung an.

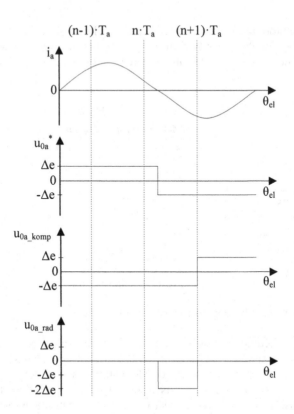

Abbildung 27:   Verlauf von Phasenstrom und Spannungen bei Kompensation totzeitbe-
dingter Störungen nach (78)

Wie später im Abschnitt 6.2.4 gezeigt wird, übersteigt die Amplitude von $i_{q\_rad\_6}$ ab einer Grenzdrehzahl n_{grenz} die Amplitude von i_q^* (57). Für Drehzahlen größer n_{grenz} wirkt sich die Kompensation negativ aus und die Störungsamplituden sind dann größer als in einem unkompensierten System. Demnach ist eine Kompensation schutzzeitbedingter Störungen nach (78), bedingt durch eine niedrige Abtastrate des Mikrocontrollers, nicht möglich.

4.3.2   Anpassung des Konzepts an niedrige Abtastzeiten

Zur Anpassung des Konzepts muss zunächst abgeschätzt werden, ob zwischen der aktuellen Abtastung zum Zeitpunkt $n \cdot T_a$ und der nächsten Abtastung zum Zeitpunkt $(n+1) \cdot T_a$ ein Stromvorzeichenwechsel stattfinden wird. Dies erfolgt über die Ungleichung (79) mit dem in (52) eingeführten κ.

$$\kappa + \omega_{el} T_a < \pi / 3 \quad (i)$$
$$\kappa + \omega_{el} T_a \geq \pi / 3 \quad (ii) \tag{79}$$

(79, i) Kein Vorzeichenwechsel bis zur nächsten Abtastung
(79, ii) Vorzeichenwechsel bis zur nächsten Abtastung

Findet kein Stromvorzeichenwechsel statt, werden die im vorherigen Abschnitt vorgestellten Spannungen (78) für die Kompensation verwendet. Wird hingegen ein Stromvorzeichenwechsel stattfinden, ist eine Anpassung der Kompensationsspannungen nach (80) notwendig.

$$\begin{pmatrix} u_{0a\_k\_Ta} \\ u_{0b\_k\_Ta} \\ u_{0c\_k\_Ta} \end{pmatrix} = -\Delta e \cdot v_2 \cdot \begin{pmatrix} \mathrm{sgn}(\cos(\theta_{el\_Ta} + \omega_{el} T_a \cdot v_1 + \varphi_{Ta})) \\ \mathrm{sgn}(\cos(\theta_{el\_Ta} + \omega_{el} T_a \cdot v_1 + \varphi_{Ta} - 2\pi/3)) \\ \mathrm{sgn}(\cos(\theta_{el\_Ta} + \omega_{el} T_a \cdot v_1 + \varphi_{Ta} - 4\pi/3)) \end{pmatrix}; \quad v_1, v_2 \in \{0, 1\} \tag{80}$$

Mit dem Faktor v_1 kann eingestellt werden, ob die Kompensationswerte mit dem aktuellen Rotorlagewinkel oder mit dem bei der nächsten Abtastung vorliegenden berechnet werden sollen. Durch den Faktor v_2 lassen sich die Amplituden auf Null setzen. Tabelle 2 fasst mögliche Kombinationen von v_1 und v_2 zusammen und gibt die Bedeutung für die Berechnung der Kompensationsspannungen an.

Tabelle 2:   Kombinationen von v_1 und v_2 und Berechnung der Kompensationsspannungen

v1	v2	Berechnung der Kompensationsspannungen
0	1	Mit dem Rotorlagewinkel der zum Abtastzeitpunk vorliegt: θ_{el_Ta}
1	1	Mit dem Rotorlagewinkel der beim nächsten Abtastzeitpunkt vorliegen wird: $\theta_{el\_Ta} + \omega_{el} T_a$
x	0	Amplitude der Kompensationsspannungen ist Null

Je nach Wahl der Faktoren stellen sich unterschiedliche Verläufe der Kompensationsspannungen und der Störungen u_{0abc_rad} ein. In Abbildung 28 sind die Spannungsverläufe für die Kombinationen von v_1 und v_2 aus Tabelle 2 dargestellt.

Wie im vorherigen Abschnitt angemerkt, können die Störungen u_{0abc_rad} in das dq-System zu u_{dq_rad} transformiert werden. Ausgehend von u_{dq_rad} resultieren die Stromstörungen $i_{dq\_rad\_6}$. Durch die Abtastzeit sind die Störungen $i_{dq\_rad\_6}$ nicht vermeidbar, jedoch in ihrer Form durch v_1 und v_2 beeinflussbar. Ziel der neuen Kompensationsmethode ist es die Faktoren v_1 und v_2 so zu wählen, dass die Störung des Querstroms $i_{q\_rad\_6}$ minimal wird. Dies ist dann der Fall, wenn das Integral von u_{q_rad} über θ_{el} minimal wird.

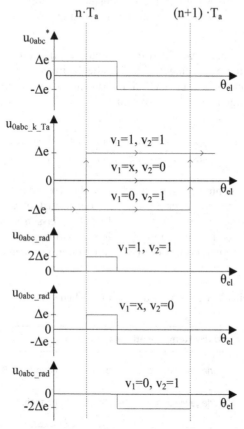

Abbildung 28: Spannungsverläufe für die Kombinationen von v_1 und v_2 aus Tabelle 2

Die Form des Integrals ist von v_1 und v_2 abhängig und wird mit $V_s(v_1, v_2)$ abgekürzt. In (81) ist $V_s(v_1, v_2)$ für mögliche Kombinationen von v_1 und v_2 angegeben. Die Wahl von v_1 und v_2 zur Anpassung der Kompensationsspannungen erfolgt entsprechend dem kleinsten Wert von $V_s(v_1, v_2)$. Sind die Faktoren gewählt, werden die Kompensationsspannungen auf die Referenzspannungen aufgeschaltet. Die eingeführten Faktoren v_1 und v_2 erlauben trotz niedriger Abtastraten der Motoransteuerung eine effektive Kompensation schutzzeitbedingter Störungen. Mit Berücksichtigung des Feldschwächwinkels φ bei der Berechnung von $V_s(v_1, v_2)$ ist das Kompensationskonzept für den Einsatz sowohl ohne als auch mit Feldschwächung geeignet. Abbildung 29 fasst die neue Kompensationsmethode als Signalflussplan zusammen. Die Wirksamkeit wird im Abschnitt 6.2.4 gezeigt.

$$V_s(v_1, v_2) = \int u_{q\_rad}(v_1, v_2)\, d\theta_{el}$$

$$V_s(1, 1) = \frac{4}{3}\Delta e \cdot \left(\sin(\varphi) + \sin(-\varphi - \frac{\pi}{3} + \frac{\kappa}{3}) \right)$$

$$V_s(x, 0) = \frac{4}{3}\Delta e \cdot \left(\sin(\varphi) + \sin(-\varphi + \omega_{el}T_a + \frac{\kappa}{3}) - \sin(\varphi + \frac{2\pi}{3} - \frac{\kappa}{3}) \right)$$

$$V_s(0, 1) = \frac{4}{3}\Delta e \cdot \left(\sin(\varphi) + \sin(-\varphi + \omega_{el}T_a - \frac{\pi}{3} + \frac{\kappa}{3}) \right)$$

$$(81)$$

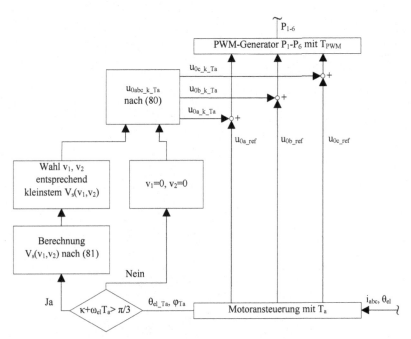

Abbildung 29:　Ablaufdiagramm der neuen Kompensationsmethode

5 Aufbau der Simulation und der Modellanlage

Die Erprobung der vorgestellten Beschreibungen und Kompensationen der Störungen erfolgen mit Hilfe einer Simulation und einer Modellanlage. Die Komponenten, der Aufbau und der Signalfluss entsprechen hierbei dem im Abschnitt 2.1 vorgestellten System. Der Fokus in Abschnitt 2.1 liegt auf der Einführung der Komponenten, wichtiger Systemparameter und deren Funktionen. In diesem Abschnitt wird der Aufbau dieser Komponenten erläutert und die Parameter mit Zahlenwerten angegeben. Bei der Beschreibung der Simulation wird insbesondere auf die Modellierung der Störungen und Komponenten eingegangen.

5.1 Fahrzeugbordnetz und Getriebe/Last

5.1.1 Modellanlage

Um die auftretenden Störungen bei immer gleichen Bedingungen zu untersuchen, findet der Einsatz der Modellanlage im Labor und nicht im Fahrzeug statt. Das Fahrzeugbordnetz wird durch ein Labornetzteil mit $U_{Batt}=12V$ abgebildet.

Das Getriebe und die angebundene Last werden durch einen Lastmotor ersetzt. Der Lastmotor ist über einen Drehmomentsensor direkt mit der PMSM verbunden und ist von der Leistung her größer als die zu prüfende PMSM ausgelegt. Über eine Drehzahlregelung kann ein beliebiger Betriebspunkt oder Drehzahlverlauf eingestellt werden. Die Drehzahlregelung und die Massenträgheit des Lastmotors fangen das von der PMSM abgegebene Moment annähernd ohne Drehzahländerung ab.

Das von der PMSM abgegebene Moment wird über einen Drehmomentsensor erfasst und steht für anschließende Analysen zur Verfügung. Im zugrundeliegenden System befindet sich kein Drehmomentsensor zwischen PMSM und Getriebe. Entsprechend wird das gemessene Drehmoment nur für eine Auswertung der Störungen und nicht für die Regelung oder Kompensation verwendet.

5.1.2 Simulation

Das Fahrzeugbordnetz dient in der Simulation als reine Spannungsvorgabe für die Zwischenkreisspannung des Wechselrichters. Es ist, wie in der Modellanlage, als ideal mit einer konstanten Spannung U_{Batt} angenommen. Die Modellierung beschränkt sich auf die Vorgabe des Spannungswerts.

Das Lastmotor mit der entsprechenden Drehzahlregelung kann in der Simulation als reine Vorgabe der Drehzahl modelliert werden. Aufgrund der hohen

Dynamik der Drehzahlregelung und der Massenträgheit des Lastmotors ist eine
Berücksichtigung dynamischer Effekte nicht notwendig. Die Modellierung des
Fahrzeugbordnetzes und des Lastmotors ist in Abbildung 30 dargestellt.

Abbildung 30:   Modellierung Fahrzeugbordnetz und Lastmotor

Die Modellierung des Drehmomentsensors zwischen PMSM und Lastmotor
ist nicht notwendig. Das von der PMSM abgegebene Drehmoment kann direkt
aufgezeichnet werden.

5.2   PMSM

5.2.1   Modellanlage

Die eingesetzte PMSM hat eine 12/8 Topologie und besitzt Oberflächenmagnete.
Die Statorwicklung ist im Stern verschaltet und verfügt über keinen Sternpunktleiter. Weitere Parameter der PMSM sind in Tabelle 3 zusammengefasst.

Tabelle 3:   Parameter der eingesetzten PMSM

Parameter	Wert
Maximales Drehmoment	7Nm
Maximale Drehzahl	3000U/min
Maximaler Phasenstrom I_{max}	131,7A
Statorwiderstand R	21mΩ
Längs- und Querinduktivität $L_d=L_q=L$	60µH
Polpaarzahl Z_p	4
Erregerfluss von Ψ_{PM}	8.86mVs

Die Referenzwertberechnung ist so eingestellt, dass der Feldschwächbereich ab 700U/min beginnt. Die Drehzahl, bzw. die mechanische Winkelgeschwindigkeit ω_{mech}, wird vom Lastmotor in die PMSM eingeprägt.

5.2.2   Simulation

Die im vorangehenden Abschnitt beschriebene PMSM ist in der Simulation nach dem Grundwellenmodell modelliert. Dieses enthält die beiden Spannungsgleichungen für die d- und q-Achse (6) zur Simulation der Motorströme und die Momentengleichung (14) zur Simulation des abgegebenen Moments. Sowohl die Spannungsgleichungen als auch die Momentengleichung liegen im dq-System vor. Infolgedessen müssen die dreiphasigen Spannungen u_{0abc} des Wechselrichters zunächst in das dq-System transformiert werden. Entsprechend werden die dreiphasigen Ströme i_{abc} der Maschine aus den dq-Strömen berechnet.

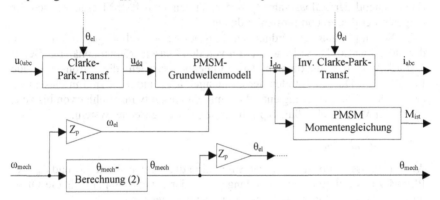

Abbildung 31: Simulation PMSM

Der für die Transformationen benötigte ideale Rotorlagewinkel θ_{mech} wird aus der vom Lastmotor vorgegebenen Winkelgeschwindigkeit ω_{mech} nach (2) bestimmt. Das abgegebene Moment wird über einen Simulationslauf aufgezeichnet. Dadurch ist eine anschließende Auswertung im Frequenzbereich möglich. Wie definiert enthält die PMSM keine parasitären Effekte. In Abbildung 31 ist der Signalflussplan der PMSM angegeben.

5.3   Sensorik

5.3.1   Modellanlage

Als Stromsensoren kommen zwei Shunt-Widerständen in den Phasen a und b zum Einsatz. Die Offset- und Verstärkungswerte der Widerstände und der Bauteile in der Signalaufbereitung können sich über der Temperatur verändern. Die maximalen Offsetwerte werden hier mit $\Delta I_{a\_max}=\Delta I_{b\_max}=3A$ und die maximalen Verstärkungswerte $K_{a\_max}=K_{b\_max}=0,02$ festgelegt. Diese ergeben sich aus den Eigenschaften der Sensoren und stellen für das eingesetzte System ein typisches Beispiel dar.

Die auf dem AMR-Prinzip basierte Rotorlagemessung wird durch magnetische Störfelder der umliegenden Zuleitungen der Motorphasen verfälscht. Je nach Anordnung der Zuleitungen um den AMR-Sensor sind die Amplituden und Phasen der auftretenden Ordnungen unterschiedlich. In dem hier zugrundeliegenden System treten hauptsächlich die Ordnungen Z_p-1 und Z_p+1 nach (82) auf [28].

$$\theta^* = a_{Z_p-1}\sin((Z_p-1)\cdot\theta_{mech}) + a_{Z_p+1}\sin((Z_p+1)\cdot\theta_{mech})$$

(82)

Entsprechend der Polpaarzahl $Z_p=4$ der verwendeten PMSM ergeben sich Störungen einer dritten und fünften Ordnung.

Die Amplituden der Ordnungen im Rotorlagewinkel hängen von der Stärke der Störfelder ab. Diese ist wiederum von den Phasenströmen abhängig. Bei der Anforderung des maximalen Drehmoments betragen die Stromamplituden $I_{max}=131,7A$. Die Amplituden der Ordnungen a_{Zp-1} und a_{Zp+1} sind in diesem Fall ca. 1°. Durch Überlagerung entsteht somit ein Gesamtwinkelfehler von bis zu ca. 2°. Dieser Wert ist ebenfalls typisch für das hier eingesetzte System.

5.3.2   Simulation

Als Eingangssignale stehen in der Simulation die idealen Werte i_{abc} und θ_{mech} der PMSM zur Verfügung. In Abbildung 32 ist der Signalflussplan für die Offset- und Verstärkungsstörungen der Strommessung angegeben.

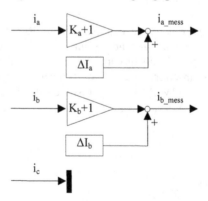

Abbildung 32:   Überlagerung der Motorströme mit Offset- und Verstärkungsstörungen

Dabei repräsentieren ΔI_a und ΔI_b die Offsetwerte und K_a und K_b die Verstärkungsfaktoren der jeweiligen Phasen. Die Messung der dritten Phase ist aufgrund des fehlenden Sensors im zugrundeliegenden System nicht möglich.

Bei der Messung des Rotorlagewinkels wird aus dem idealen Rotorlagewinkel θ_{mech} ein Referenzmagnetfeld gebildet. Hierbei ist vor allem die Richtung des Magnetfeldes relativ zum AMR-Sensor von Bedeutung. Weiterhin werden magnetische Störfelder berechnet, welche sich aufgrund der Ströme i_{abc} in den Motorzuleitungen ergeben. Das Referenzmagnetfeld und die Störfelder überlagern sich zu einem resultierenden Magnetfeld, welches eine verfälschte Richtung aufweist. Dieses wird vom AMR-Sensor aufgenommen und in den gemessenen Rotorlagewinkel θ_{mess} umgerechnet, welcher dann entsprechend die Störungen θ^* aufweist. Abbildung 33 zeigt grafisch die Entstehung der Störung bei der Winkelmessung. Die Positionen der Motorzuleitungen sind im Prinzip beliebig und sind nur zur besseren Darstellung so wie abgebildet angeordnet.

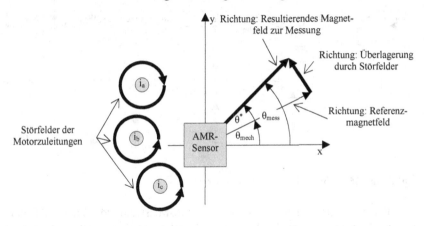

Abbildung 33: Entstehung der Störung bei der Winkelmessung

Der Signalflussplan besteht größtenteils aus Berechnungen der Magnetfelder. An dieser Stelle soll deswegen nur die oberste Ebene angegeben werden, Abbildung 34.

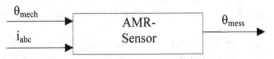

Abbildung 34: Modellierung des AMR-Sensors zur Winkelmessung

5.4 Mikrocontroller

Im Mikrocontroller sind die Regelstrategie FOR und die vorgestellten Kompensationen implementiert. Hier muss nicht zwischen Modellanlage und Simulation unterschieden werden. Die Abtastzeit beträgt in beiden Fällen T_a=500µs. Der Quellcode für den Mikrocontroller wird direkt aus der Simulation generiert. Somit ist das Eingabe-Ausgabe-Verhalten identisch.

Im Folgenden wird auf die Softwarestruktur des Mikrocontrollers eingegangen. Diese ist in Abbildung 35 dargestellt, wobei alle vorkommenden Signale im diskreten Zeitbereich mit der Abtastzeit T_a vorliegen.

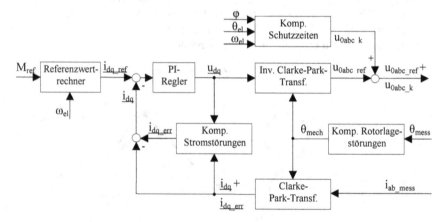

Abbildung 35:   Simulation Mikrocontroller

Für einen störungsfreien Berieb der PMSM ist ein störungsfreier Rotorlagewinkel notwendig. Im Block „Komp. Rotorlagestörungen" ist die Kompensation nach Abschnitt 4.2 implementiert. Diese liefert aus dem mit Störungen überlagerten Rotorlagewinkel θ_{mess} den idealen Winkel θ_{mech} für die Park-Transformationen.

Über die Clarke-Park-Transformationen werden die gemessenen Ströme i_{ab_mess} in das dq-System transformiert. Die Ströme im dq-System $\underline{i}_{dq}$ enthalten Störungen $\underline{i}_{dq\_err}$ aufgrund der nichtidealen Strommessung. Mit der im Abschnitt 4.1 beschriebenen Kompensation werden die Störungen aus den gemessenen Strömen herausgerechnet.

Im Block „Referenzwertrechner" werden aus dem von außen vorgegebenen Moment M_{ref} die Referenzströme $\underline{i}_{dq\_ref}$ berechnet. Die hierfür notwendige elektrische Winkelgeschwindigkeit ω_{el} kann aus dem kompensierten Rotorlagewinkel θ_{mech} abgeleitet werden.

Aus den Abweichungen zwischen den Referenz- und Messwerten werden über einen PI-Regler die Stellspannungen u_{dq} generiert. Der PI-Regler weist die im Abschnitt 2.1.2 angegebene Übertragungsfunktion (11) auf. Für die Implementierung auf dem Mikrocontroller ist diese mit der bilinearen Transformation [52] diskretisiert. Die Stellspannungen des Reglers u_{dq} werden zur Ansteuerung des Wechselrichters in das abc-System zu u_{0abc_ref} transformiert. Zur Kompensation der Schutzzeit werden diesen noch die Kompensationsspannungen u_{0abc_k} nach Abschnitt 4.3 überlagert. Der hierfür notwendige Feldschwächwinkel φ wird aus dem gemessenen Strom i_{dq} nach (16) berechnet. Mit den generierten Spannungen erfolgt die Ansteuerung des Wechselrichters.

5.5 Wechselrichter

5.5.1 Modellanlage

Der Aufbau des Wechselrichters entspricht der schematischen Darstellung in Abbildung 2. Aus den Stellspannungen werden Pulsmuster für die sechs Leistungshalbschalter generiert. Die Pulsdauer beträgt $T_{PWM}=62,5\,\mu s$. Die Schutzzeit zur Vermeidung von Kurzschlüssen ist auf $T_s=1\,\mu s$ eingestellt.

5.5.2 Simulation

Um die Simulationszeit angemessen zu halten, enthält der Wechselrichter keine schaltenden Leistungshalbleiter. Die Störungen durch die Schutzzeiten werden nach der Beziehung (47) auf die Stellspannungen des Mikrocontrollers aufgeschaltet. Die gestörten Spannungen dienen in der Simulation direkt als Ansteuerungssignale u_{0abc} für den Elektromotor.

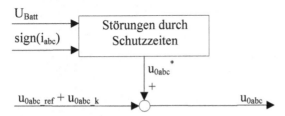

Abbildung 36: Simulation Wechselrichter

Damit sind die relevanten Komponenten beschrieben und der Parameter quantisiert. Im folgenden Kapitel werden die beschriebenen Störungen und die Kompensationen anhand der vorgestellten Simulation und Modellanlage evaluiert.

6 Evaluierung

Durch die Evaluierung soll nachgewiesen werden, dass die in dieser Arbeit erstmals hergeleiteten Beschreibungen und Kompensationen sich auch in einer nicht vereinfachten oder nicht idealen Umgebung wie erwartet bestätigen. Hierbei gibt es grundsätzlich drei Ergebnisse gegeneinander zu evaluieren. Die Ergebnisse der Rechnungen, der Simulation und der Messungen an der Modellanlage. Schwerpunkte der Evaluierung sind die Amplitudenverläufe über der Drehzahl und die Frequenzen der Störungen. Bei den Amplituden sind vor allem die Abhängigkeit von der Feldschwächung und der Vergleich zwischen kompensiertem und unkompensiertem Niveau interessant.

Die Durchführung erfolgt in zwei Schritten. Im ersten Schritt wird in Abschnitt 6.1 die Evaluierungsmethode definiert. Im zweiten Schritt, Abschnitt 6.2, werden dann zunächst alle notwendigen Messungen zur Evaluierung festgelegt und anschließend nach den Rahmenbedingungen durchgeführt. Die Ergebnisse werden grafisch aufgearbeitet und gegeneinandergestellt. Abschließend erfolgt eine Diskussion und Bewertung der Ergebnisse nach den gegebenen Kriterien.

6.1 Evaluierungsmethode

Durch die Evaluierungsmethode wird festgelegt, wie Messungen und Simulationen durchzuführen und wie die Messergebnisse aufzuarbeiten sind, um den gewünschten Vergleich mit den Rechnungen durchführen zu können.

Da sowohl bei der Berechnung der Störungen als auch bei der Entwicklung der Kompensationen Vereinfachungen getroffen werden, sind Abweichungen der simulierten und gemessenen Ergebnisse von den berechneten zu erwarten. Wie diese Abweichungen zu interpretieren sind wird durch die hier festgelegten Kriterien zur Auswertung der Ergebnisse geregelt.

6.1.1 Durchführung und Darstellung der Messungen

Für die Evaluierung sind die Amplitudenverläufe und Frequenzen der Störungen über der Drehzahl, vom Stillstand bis in die Feldschwächung, notwendig. Um diese zu vermessen, wird über M_{ref} das maximale Referenzmoment von 7Nm vom elektrischen Antrieb angefordert. Bei Anforderung des Maximalmoments sind die Ströme in der Maschine maximal, was entsprechend größtmögliche Störungsamplituden ergibt. Das von der PMSM abgegebene Moment M_{ist} wird vom Lastmotor aufgenommen. Die Drehzahl des Lastmotors wird dabei so eingestellt, dass die PMSM innerhalb von 3 Sekunden linear von 0U/min auf

3000U/min beschleunigt. Über diese Zeit wird das von der PMSM abgegebene Moment M_{ist} mit dem Drehmomentsensor aufgezeichnet. Diese Messungen werden einmal ohne und einmal mit hinzugeschalteten Kompensationen durchgeführt. Ohne Kompensationen ist eine durchgängige Auswertung der Amplituden und Frequenzen der Störungen vom Stillstand bis in die Feldschwächung möglich. Mit Kompensationen wird die Kompensationswirkung bewertet. Wichtig ist dabei vor allem, dass alle vorgestellten Kompensationen aktiv sind, um die Unabhängigkeit dieser voneinander und von anderen Störungen zu zeigen.

Für die Auswertung werden die Messungen einer Kurzzeit-Fourier-Transformation (engl. STFT) unterzogen. Während die Fourier-Transformation keine Informationen über das zeitliche Auftreten von Frequenzanteilen im Signal bereitstellt, ist die STFT auch für nichtstationäre Signale geeignet, deren Frequenzeigenschaften sich im Laufe der Zeit verändern [53]. Statt das Spektrum des gesamten Zeitsignals zu berechnen, werden kürzere Zeitabschnitte in den Spektralbereich überführt. Dazu wird das Signal mit einer Fensterfunktion multipliziert und die Fourier-Koeffizienten für das ausgeschnittene Signal berechnet. Auf diese Weise erhält man ein von der Zeit bzw. Drehzahl abhängendes Frequenzspektrum des abgegebenen Moments.

Das Frequenzspektrum enthält alle im Moment auftretenden Störungen. Um den Amplitudenverlauf einzelner Ordnungsstörungen über der Drehzahl aufzutragen, werden aus dem Frequenzspektrum die entsprechenden Frequenzanteile herausgegriffen und als Ordnungsschnitte dargestellt. Die dazugehörige Frequenz muss aus der Ordnung und Drehzahl errechnet werden. Die Drehzahl wird hier immer als mechanische Drehzahl angegeben und elektrische Ordnungen werden entsprechend in mechanische umgerechnet.

Durch die Darstellung der Störungen als Ordnungsschnitte lässt sich die Abhängigkeit von der Drehzahl abbilden. Auch der Vergleich zwischen kompensierter und unkompensierter Störung ist dadurch gegeben. Weiterhin können nur Ordnungsschnitte zur Überprüfung der Rechnungen herangezogen werden, da die vorgestellten Rechnungen, analog zu den Ordnungsschnitten der Messungen, die Amplitude über der Drehzahl angeben.

Nach Durchführung der Messungen über einem Drehzahlhochlauf und Darstellung der Störungen als Ordnungsschnitte können diese ausgewertet werden. Der folgende Abschnitt gibt die Kriterien zur Auswertung an.

6.1.2   Kriterien zur Auswertung

Es sind Kriterien für die Auswertung der Frequenzen und der Amplituden zu formulieren. Für die Auswertung der Frequenzen kann ein scharfes Kriterium formuliert werden. In den Rechnungen, Simulationen und Messungen müssen die Frequenzen der Störungen identisch sein. Sowohl in den Rechnungen als auch in der Simulation werden keine Vereinfachungen getroffen, die sich auf die Frequenz einer Störung auswirken könnten. Weicht die Frequenz ab, handelt es sich bei der zu bewertenden Störung um eine andere Ordnung und es liegt ein grundsätzliches Problem bei der Berechnung oder Messung vor.

Im Gegensatz dazu kann für die Auswertung der Amplituden kein scharfes Kriterium formuliert werden. In den Rechnungen werden ein quasistatischer Betrieb und die vollständige Entkopplung der d- und q-Achse angenommen. Beides trifft auf die Simulation und die Messungen an der Modellanlage nicht zu. Aus diesem Grund wird es hier eine Abweichung zwischen Rechnung und Messung geben. Die Höhe der Abweichung ist subjektiv zu bewerten. Die Abhängigkeit einer Störung von der Feldschwächung muss jedoch deutlich erkennbar sein.

Die Unterschiede zwischen Simulation und Messung sind auf nicht modellierte Effekte zurückzuführen. Hierzu zählen vor allem Unsymmetrien im Wechselrichter und in der PMSM sowie abweichende Systemparameter aufgrund von Temperaturdrift oder Sättigung. Weiterhin können sich Eigenfrequenzen der Modellanlage auf die Messergebnisse auswirken. Auch hier sind die Abweichungen subjektiv zu bewerten.

Bei den Kompensationen handelt es sich um nicht deterministische Konzepte. Die Kompensationswirkung ist dabei nur schwierig vorherzusagen. Wie bei den unkompensierten Störungen kann auch hier nicht festgelegt werden, ob die kompensierte Störung sich noch als Störung im Gesamtsystem äußert, siehe Abschnitt 2.2. Ausgehend davon wird als Kriterium für die Wirksamkeit einer Kompensation festgelegt, dass die Amplitude einer Störung reduziert werden soll, jedoch ohne einen festen Mindestwert.

Damit ist die Evaluierungsmethode definiert. Im folgenden Abschnitt werden die Messungen und Diskussionen danach durchgeführt.

6.2 Messergebnisse und Diskussion

Zur Evaluierung müssen die Störungen durch die verfälschte Strommessung, den verfälschten Rotorlagewinkel und durch die Schutzzeiten des Wechselrichters vermessen werden. Wie durch die Evaluierungsmethode vorgegeben sind in jeder der Messungen alle Störungen und Kompensationen gleichzeitig aktiv.

Um die Amplitudenverläufe über der Drehzahl interpretieren zu können, wird zunächst das Übertragungsverhalten der Regelstrecke aufgezeigt und erläutert, wie sich dieses auf den Amplitudenverlauf auswirkt.

Darauf folgend werden die Messergebnisse abgebildet und diskutiert. Hierbei werden zunächst die Rechnungen gegen die Simulationen und Messungen bewertet. Anschließend erfolgt die Bewertung der Kompensationswirkung.

In allen Abbildungen entsprechen punktierte Linien den berechneten, gestrichelte Linien den simulierten und durchgezogene Linien den gemessenen Werten.

6.2.1 Übertragungsverhalten der Regelstrecke

Bei den Beschreibungen der Störungen in Kapitel 3 wird das Übertragungsverhalten der Regelstrecke berücksichtigt. In den Abbildungen wird es jedoch vernachlässigt, um die Abhängigkeit der Störungen von der Feldschwächung besser darstellen zu können.

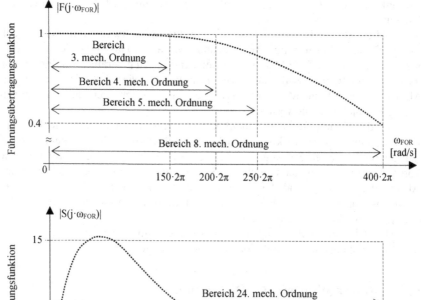

Abbildung 37: Betragsverläufe der Führ- und Störübertragungsfunktion

Je nach Frequenz einer Störung kann sich das Übertragungsverhalten der Regelstrecke stark auf die Störungsamplitude auswirken. Bei Einstellung der

Reglerparameter nach dem Betragsoptimum, siehe Tabelle 1, ergibt sich der in Abbildung 37 dargestellte Betrag der Führungs- bzw. Störübertragungsfunktion. Die x-Achsen der Übertragungsfunktionen sind dabei auf die maximal zu übertragende Frequenz der Ordnungsstörungen skaliert. Für die Führungsübertragungsfunktion beträgt diese 400Hz und ergibt sich aus der 8 mechanischen Ordnung der Verstärkungsstörung bei einer Maximaldrehzahl von 3000U/min. Für die Störübertragungsfunktion ergibt sich entsprechend 1200Hz aus der 24 Ordnung durch die Schutzzeiten. In der Führungsübertragungsfunktion sind zusätzlich die maximalen Frequenzen der Störungen 3 bis 5 Ordnung eingezeichnet.

Die Führungsübertragungsfunktion weist bis ca. 150Hz einen konstanten Verlauf auf. Ab 150Hz knickt diese aufgrund des Reglers ein und dämpft Schwingungen bis 800Hz bereits auf 60% ihrer ursprünglichen Amplitude.

Aufgrund des Integralanteils im Regler beginnt die Störübertragungsfunktion im Ursprung. Mit zunehmender Frequenz reicht die Bandbreite des Reglers nicht mehr aus um Störungen auszuregeln und der Betrag der Übertragungsfunktion steigt bis zu einem maximalen Wert an. Mit weiterer Zunahme der Frequenz wird der Anstieg durch die dämpfende Wirkung der PMSM überwogen, so dass der Betrag der Übertragungsfunktion wieder abnimmt.

Je nach Ordnung einer Störung (3, 4, 5, 8, 24) wird die Amplitude dieser mit dem jeweiligen Ausschnitt der dazugehörigen Übertragungsfunktion multipliziert. Beispielsweise erreicht die achte Ordnung bei 3000U/min eine Frequenz von 400Hz. Folglich muss der Ausschnitt der Übertragungsfunktion von 0Hz bis 400Hz mit der Amplitude multipliziert werden. Die Amplitude sollte demnach bei 400Hz nur noch 40% des Werts bei Stillstand der Maschine aufweisen.

6.2.2 Offset- und Verstärkungsstörungen bei der Strommessung

In Abbildung 38 sind die berechneten, simulierten und gemessenen Amplituden der Offset- und Verstärkungsstörungen dargestellt. Der Offsetwert in Phase a beträgt ΔI_a=3A, der Verstärkungswert K_a=0,02. Zur besseren Nachvollziehbarkeit der Ergebnisse ist der Sensor in Phase b so kalibriert, dass er als ideal angenommen werden kann. Störungen in Phase b hätten entsprechend Beziehung (25) Einfluss auf die Höhe der Amplitude, jedoch nicht auf den qualitativen Verlauf über der Drehzahl. Neben den Rechenergebnissen und der Kompensationswirkung muss der Beobachter auch auf abweichende Motorparameter und Referenzwertsprünge geprüft werden. Die entsprechenden Messungen sind in Abbildung 39 bzw. Abbildung 40 dargestellt.

Evaluierung der Rechenergebnisse:
Wie in 3.2.1 berechnet stellt die Offsetstörung in der Simulation und Messung eine Störung erster elektrischer bzw. vierter mechanischer Ordnung dar. Die berechnete Amplitude beträgt 92mNm im Stillstand des Motors.

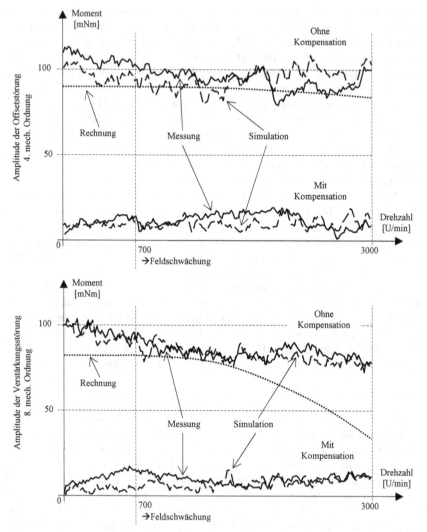

Abbildung 38: Berechnete, simulierte und gemessene Amplituden der Offset- und Verstärkungsstörung

Bei der maximalen Drehzahl von 3000U/min weist die Störung eine Frequenz von 200Hz auf und wird durch die Übertragungsfunktion (27) etwas gedämpft. Die Dämpfung ist bei dieser Frequenz nicht sonderlich ausgeprägt und kann vernachlässigt werden. Die berechnete Amplitude ist geringfügig kleiner als die der simulierten und gemessenen Störung, was auf die getroffenen Vereinfachungen bei der Rechnung zurückzuführen ist. Analog zur Offsetstörung stimmt die berechnete Ordnung der Verstärkungsstörung, zweite elektrische bzw. achte mechanische, mit den Messergebnissen überein, siehe 3.2.2. Die berechnete Amplitude beträgt 79mNm im Stillstand des Motors. Mit zunehmender Drehzahl tritt jedoch eine Abweichung zu der simulierten und gemessenen Amplitude auf. Die Frequenz der Verstärkungsstörung bei Maximaldrehzahl beträgt 400Hz. Laut Rechnung sollte eine Störung dieser Frequenz durch die Übertragungsfunktion um ca. 60% gedämpft werden. Der Simulation und Messung nach ist das für die Verstärkungsstörung nicht der Fall. Die Ursache hierfür ist die bei der Rechnung angenommene vollständige Entkopplung der d- und q-Achse. Durch die eingekoppelte Störung aus der d-Achse, steigt die Amplitude der Störung in der q-Achse, was im abgegebenen Moment sichtbar wird. Die Entkopplung der Achsen findet im Mikrocontroller statt. Mit steigender Drehzahl reicht dessen Abtastfrequenz nicht mehr aus, um den Einfluss der d-Achse auf die q-Achse zu verhindern. Dadurch nimmt der Unterschied in den Amplituden zwischen Rechnung und Messung entsprechend Abbildung 38 zu.

Der beschriebene Zusammenhang lässt sich durch eine Simulation mit vollständig entkoppelten Achsen zeigen, soll hier aber nicht explizit aufgeführt werden. Aus diesem Ergebnis lässt sich ableiten, dass die getroffene Annahme der vollständig entkoppelten Achsen nicht immer zulässig ist. Vor allem bei hohen Frequenzen einer Störung sowie gleichzeitig ähnlich großen Störungsamplituden in beiden Achsen ist von einer Abweichung zwischen den Rechenergebnissen und Messungen auszugehen. Sowohl bei den Offset- als auch bei den Verstärkungsstörungen stimmen die simulierten und gemessenen Amplituden größtenteils überein. Bei den Offsetstörungen ist eine Dämpfung durch die Übertragungsfunktion, gemäß Rechnung, gering. Die Verstärkungsstörungen weisen einen leicht fallenden Verlauf auf. Die Dämpfung ist aber, wegen der oben beschriebenen Ursache, nicht so stark wie durch die Rechnung vorhergesagt. Unabhängig von dieser Abweichung ist aus der Simulation und Messung ersichtlich, dass der Amplitudenverlauf von der Feldschwächung unabhängig ist, womit die aufgestellte These aus der Rechnung bestätig ist.

Evaluierung der Kompensation:
In Abbildung 38 ist die Wirkung der Kompensation mittels des vorgestellten Beobachters zu sehen. Die Amplituden der Offset- und Verstärkungsstörungen werden über dem gesamten Drehzahlbereich auf ein niedriges Niveau kompensiert. Das niedrige Niveau wird unabhängig von den Offset- und Verstärkungswerten in den Phasen a oder b erreicht [49].

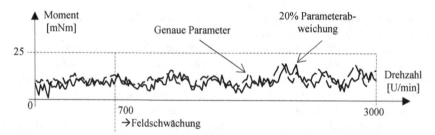

Abbildung 39: Vergleich der Kompensation bei ungenauen Streckenparametern im Beobachter

Zur Entwicklung des Beobachters sind Parameter der PMSM notwendig. Der I_0-Vektor ist so ausgelegt, dass Parameterschwankungen sich möglichst wenig auf die Kompensation auswirken. Die Messergebnisse in Abbildung 39 demonstrieren die dadurch gewonnene Robustheit gegenüber ungenauen Parametern. Hierbei weichen die Parameter zur Entwicklung des Beobachters um 20% von den eigentlichen Parametern ab. Die Kompensation bleibt trotz dieser Abweichung erhalten.

Neben der Kompensation ist eine weitere Anforderung an den Beobachter, dass dieser keine Auswirkungen auf die Sprungantwort des Regelkreises haben darf. Das wird durch eine geeignete Manipulation der Eingangssignale des Beobachters erreicht, siehe 4.1.2. Die Wirkung ist in Abbildung 40 dargestellt.

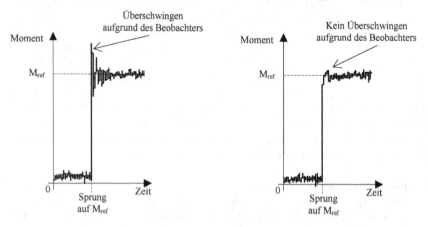

Abbildung 40: Gemessene Sprungantwort eines Systems ohne und mit geeigneter Manipulation der Eingangsignale des Beobachters

Die gemessene Sprungantwort auf der linken Seite bildet ein System mit einem herkömmlichen Beobachter ab. Es ist ein deutliches Überschwingen aufgrund des Beobachters zu sehen. Auf der rechten Seite sind die Eingangssignale des Beobachters angepasst, wodurch das Überschwingen eliminiert wird. Dadurch ist die prinzipielle Einsetzbarkeit des vorgestellten Beobachters gegeben. Die Wirksamkeit, auch bei abweichenden Motorparametern, ist durch Simulation und Messungen erbracht. Somit eignet sich der vorgestellte Beobachter zur Kompensation der Offset- und Verstärkungsstörungen im zugrundeliegenden System.

6.2.3   Ordnungsstörungen im Rotorlagewinkel

In Abbildung 41 sind die berechneten, simulierten und gemessenen Amplituden der Störungen durch den verfälschten Rotorlagewinkel nach (82) dargestellt. Bei Anforderung des Maximalmoments beträgt die Amplitude der dritten Ordnung im Rotorlagewinkel ca. 1°, die der fünften Ordnung ist etwas geringer. Der Gesamtwinkelfehler durch Überlagerung liegt bei ca. 1,7°.

Evaluierung der Rechenergebnisse:
Wie durch Rechnung gezeigt, Abschnitt 3.2.3, weisen die Störungen im abgegebenen Moment die gleiche Charakteristik auf wie die Störungen im Rotorlagewinkel. Im vorliegenden Fall wirkt sich die dritte und fünfte mechanische Ordnung im Rotorlagewinkel auch als dritte und fünfte mechanische Ordnung im abgegebenen Moment aus. Die berechneten Amplituden für den Grunddrehzahlbereich betragen für beide Ordnungen Null Nm. Nach Simulation und Messung liegen diese etwas höher. Die Abweichung ist auf die Reihenentwicklung der e-Funktion zurückzuführen. Hierdurch wird die eigentlich gekrümmte Trajektorie linearisiert und die Anteile in der q-Achse entfallen, womit die Störungen im Moment ebenfalls entfallen. Im Vergleich zu den Störungsamplituden im Feldschwächbereich ist diese Abweichung vernachlässigbar.

Entsprechend der Rechnung steigen die Amplituden in der Feldschwächung stark an, was auf die Neigung der Trajektorie zurückzuführen ist. Die maximale Amplitude dritter Ordnung ist rechnerisch ca. 120mNm, die der fünften Ordnung ca. 95mNm. Die Frequenz der dritten Ordnung bei Maximaldrehzahl beträgt 150Hz, die der fünften 250Hz. Eine Dämpfung durch die Übertragungsfunktion findet bei der dritten Ordnung kaum statt. Im Gegensatz dazu ist bei der fünften Ordnung eine deutliche Dämpfung erkennbar. Verglichen mit der Verstärkungsstörung, bei welcher die Dämpfung in der simulierten und gemessenen Amplitude nicht so stark ausgeprägt ist wie berechnet, decken sich hier die berechneten Ergebnisse mit den simulierten und gemessenen. Zwar findet, wie bei den Verstärkungsstörungen, eine Einkopplung von Störungen aus der d-Achse statt, jedoch nehmen die Störungen in der d-Achse mit Zunahme der Störungen in der q-Achse ab, siehe Abbildung 15.

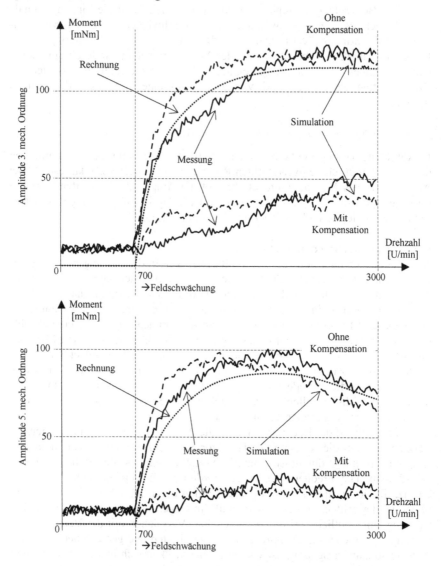

Abbildung 41: Berechnete, simulierte und gemessene Amplituden der Störungen durch den verfälschten Rotorlagewinkel

Aus diesem Grund wirkt sich die Einkopplung kaum aus. Das entspricht wiederum der bei der Rechnung getroffenen Annahme vollständig entkoppelter Achsen, was zu der guten Übereinstimmung zwischen Rechnung und Simulation bzw. Messung führt. Damit ist der Nachweis der Abhängigkeit der Störungen von der Feldschwächung erbracht.

Evaluierung der Kompensation:
Die vorgestellte Kompensation wird mit Beginn der Feldschwächung ab 700U/min aktiviert. Beide Ordnungen werden dadurch deutlich gedämpft. Um die Unabhängigkeit der Kompensation von den zu kompensierenden Ordnungen nachzuweisen, wird der gleiche Versuch mit einer fünfpolpaarigen PMSM (Z_p=5) durchgeführt. Entsprechend (82) treten dabei Störungen der vierten und sechsten Ordnung auf. Die Wirksamkeit bleibt auch hier erhalten [28]. Damit sind die gestellten Anforderungen beliebige und mehrere Ordnungen gleichzeitig zu kompensieren erfüllt und die vorgestellte Kompensation kann im zugrunde-liegenden System eingesetzt werden.

6.2.4   Störungen durch Schutzzeiten im Wechselrichter

In Abbildung 42 sind die berechneten, simulierten und gemessenen Amplituden der Störungen durch die Schutzzeiten des Wechselrichters dargestellt. Durch die Schutzzeit von T_s=1µs werden die vom Wechselrichter generierten Spannungen verfälscht. Nach (47) beträgt die Verfälschung Δe=±0,192V, je nach Vorzeichen der Phasenströme. Diese tritt sechsmal pro elektrischer bzw. 24-mal pro mecha-nischer Rotorumdrehung auf. Bei einer Drehzahl von 3000U/min sind das 1200-mal pro Sekunde. Mit einer Abtastzeit von T_a=500µs entspricht das 1,6 Abtas-tungen zwischen zwei dieser Störeingriffe. Abbildung 43 zeigt, im Vergleich zu dem hier vorgestellten Konzept, das Kompensationsergebnis, wenn die niedrige Abtastzeit vernachlässigt wird.

Evaluierung der Rechenergebnisse:
Wie durch Rechnung gezeigt, Abschnitt 3.2.4, entsteht durch die Schutzzeiten eine Störung 6 elektrischer bzw. 24 mechanischer Ordnung. Im Grunddrehzahl-bereich stimmt die berechnete, simulierte und gemessene Amplitude gut überein. Die Störung wird bei niedrigen Drehzahlen, nahe dem Stillstand der Maschine, durch den Regler komplett kompensiert. Aufgrund der hohen Ordnung nimmt die Frequenz der Störung mit der Drehzahl schnell zu und die Bandbreite des Reglers reicht zur Kompensation nicht mehr aus. Infolgedessen steigt die Amplitude der Störung an. Der Anstieg wird durch die dämpfende Wirkung der PMSM auf ca. 8mNm begrenzt. Entsprechend der Rechnung steigt die Amplitu-de in der Feldschwächung stark an, was auf die Neigung der Trajektorie zurück-zuführen ist. Die maximale Amplitude von ca. 19mNm wird bei 1500U/min

erreicht. Hierbei beträgt die Frequenz der Störung 600Hz. Bis zum Erreichen der Maximaldrehzahl steigt die Frequenz auf 1200Hz an.

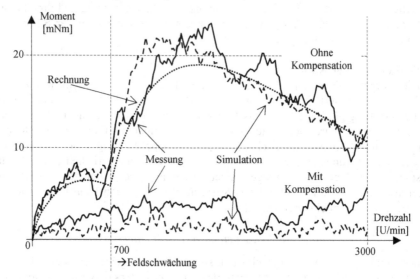

Abbildung 42: Berechnete, simulierte und gemessene Amplituden der Störungen durch Schutzzeiten des Wechselrichters

Die Amplitude fällt derweil aufgrund der starken Dämpfung der PMSM auf ca. 11mNm ab. Die berechnete Amplitude ist zwischen den Drehzahlen 500U/min und 1500U/min kleiner als die simulierte. Der Effekt ist auf die Einkopplung der Störung aus der d-Achse zurückzuführen, was in der Rechnung vernachlässigt wird. Analog zu den Störungen durch den verfälschten Rotorlagewinkel nimmt die Einkopplung mit Neigung der Trajektorie ab, so dass ab 1500U/min wieder eine sehr gute Übereinstimmung gegeben ist. Die stellenweise auftretenden Abweichungen der Messung von der Simulation oder Rechnung sind auf Resonanzen der Modellanlage zurückzuführen. Tendenziell entspricht die Messung weitestgehend dem berechneten Amplitudenverlauf, womit der Nachweis der Abhängigkeit der Störung von der Feldschwächung erbracht ist.

Evaluierung der Kompensation:
In Abbildung 42 ist die Wirkung der vorgestellten Kompensation sehr gut sichtbar. Die Störung wird, trotz der niedrigen Abtastzeit des Mikrocontrollers, sowohl im Grunddrehzahl- als auch im Feldschwächbereich auf ein niedriges Niveau kompensiert. Im Vergleich zu der vorgestellten Kompensation ist in

Abbildung 43 die Wirkung der herkömmlichen Kompensation, ohne Berücksichtigung niedriger Abtastzeiten, dargestellt.

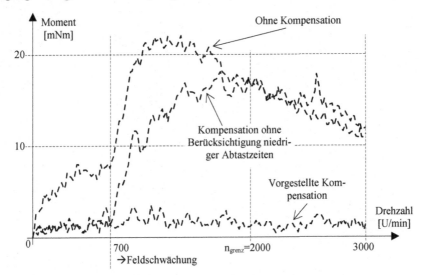

Abbildung 43: Vergleich zwischen der hier vorgestellten Kompensation und der Kompensation ohne Berücksichtigung niedriger Abtastzeiten des Mikrocontrollers

Gut zu erkennen ist die hinreichende Kompensation im Grunddrehzahlbereich. Mit steigender Drehzahl und insbesondere ab der Feldschwächung nimmt die Kompensation ab, bis die „kompensierte" Amplitude bei der Grenzdrehzahl n_{grenz}=2000U/min das unkompensierte Niveau erreicht. Der Grund hierfür ist im Abschnitt 4.3.1 beschrieben. Demnach muss im zugrundeliegenden System die niedrige Abtastzeit des Mikrocontrollers unbedingt berücksichtigt werden, was bei der hier vorgestellten Kompensation gegeben ist.

7 Zusammenfassung

Die vorliegende Arbeit stellt eine neue Methodik zur Beschreibung und neue Konzepte zur Kompensation von Störungen im Regelkreis permanenterregter Synchronmaschinen vor.

Das abgegebene Drehmoment einer PMSM ist von den eingeregelten Strömen abhängig. Durch parasitäre Effekte im Regelkreis kommt es zu Störungen der Motorströme und folglich zu Störungen des abgegebenen Drehmoments. Beim Einsatz in einem Lenksystem können sich Störungen im Drehmoment haptisch oder akustisch bemerkbar machen. Vor dem Hintergrund immer leiser werdender Fahrzeuge und immer steigender Ansprüche an die haptische Wahrnehmung ist eine effektive Kompensation der Störungen im Regelkreis notwendig.

Nach bisherigem Stand der Technik gestaltet sich eine Kompensation als schwierig. Die vorhandenen Beschreibungen der Störungen sind auf den Grunddrehzahlbereich beschränkt und klammern den Einfluss des Regelkreises aus. Ebenso können bekannten Konzepte zur Kompensation nicht übernommen werden. Diese sind entweder auf den Grunddrehzahlbereich beschränkt oder setzen Sensorik voraus, welche im Lenksystem nicht vorhanden ist. Weiterhin sind die genannten Konzepte lediglich dann einsetzbar, wenn nur eine bestimmte Störung im Regelkreis auftritt. Dies ist in diesem System nicht der Fall.

Um eine effektive Kompensation der Störungen zu ermöglichen, werden in dieser Arbeit zunächst die relevanten Störungen definiert. Hierzu gehören die Störungen durch Offset- oder Verstärkungsfehler bei der Strommessung, durch Ordnungen im Rotorlagewinkel und durch die Schutzzeiten des Wechselrichters. Zudem wird ein Feldschwächwinkel eingeführt, mit dem die Tiefe der Feldschwächung angegeben werden kann.

Anschließend wird eine Methodik entwickelt, welche es erlaubt die definierten Störungen vom Stillstand bis in den Feldschwächbereich unter Berücksichtigung des Regelkreises zu beschreiben. Dies erfolgt in drei Schritten. Im ersten Schritt werden die Störungen im dq-System in Abhängigkeit des Feldschwächwinkels beschrieben. Der Feldschwächwinkel ermöglicht dabei eine einfache Verknüpfung der Störungen mit der Feldschwächung in der PMSM. Im zweiten Schritt erfolgt die Darstellung der Störungen als Trajektorien. Hierzu muss zunächst der Eingriffspunkt der Störungen in den Regelkreis und die dazugehörige Übertragungsfunktion auf die Motorströme bestimmt werden. Damit und mit der Beschreibung der Störung aus dem ersten Schritt lassen sich die Trajektorien berechnen. Anhand der Trajektorien kann zum einen die Abhängigkeit einer Störung von der Feldschwächung veranschaulicht werden. Zum anderen lässt sich, im dritten Schritt der Methodik, die Auswirkung auf das abgegebene Drehmoment aus den Trajektorien berechnen.

Die Anwendung der Methodik auf die Offset- oder Verstärkungsfehler bei der Strommessung ergibt für die Störungen im abgegebenen Moment keine Abhängigkeit von der Feldschwächung. Auch die dämpfende Wirkung des Regelkreises kann selbst bei hohen Frequenzen vernachlässigt werden. Für die Störungen durch Ordnungen im Rotorlagewinkel ergibt sich hingegen eine starke Abhängigkeit von der Feldschwächung. Auch die dämpfende Wirkung des Regelkreises wirkt sich direkt auf die Störungsamplituden aus. Ähnliche Ergebnisse liefert die Methodik für Störungen durch die Schutzzeiten des Wechselrichters. Hier ergeben sich ebenfalls eine starke Abhängigkeit von der Feldschwächung und eine deutliche Dämpfung durch den Regelkreis.

Mit Hilfe der Methodik können neue Kompensationen entwickelt werden. Für Störungen aus der Strommessung wird ein beobachterbasiertes Konzept vorgeschlagen. Üblicherweise ist die Kompensationswirkung solcher Konzepte stark von der Genauigkeit der verwendeten Regelstreckenparameter abhängig. Zudem wirkt sich der Beobachter auf das Führungsübertragungsverhalten der Regelstrecke aus. In dieser Arbeit wird der Beobachter so entworfen, dass sich Parameterschwankungen der PMSM kaum auf die Kompensation auswirken. Weiterhin wird der Einfluss auf das Führungsübertragungsverhalten durch geeignete Manipulation der Eingangssignale des Beobachters aufgelöst.

Entsprechend der Methodik ist eine Kompensation der Störungen durch Ordnungen im Rotorlagewinkel nur im Feldschwächbetrieb notwendig. Im Feldschwächbetrieb nimmt der Verlauf des Rotorlagewinkels, aufgrund der Trägheit der rotierenden Masse und der hohen Drehzahlen, einen nahezu linearen Verlauf an. Die vorgestellte Kompensation nutzt diesen Sachverhalt aus und kompensiert alle Ordnungsstörungen aus dem Rotorlagewinkel, welche naturgemäß ein nichtlineares Verhalten aufweisen. Dabei ist die Kompensation davon unabhängig welche und wie viele unterschiedliche Ordnungen im Rotorlagewinkel vorhanden sind.

Für die Kompensation der Störungen durch Schutzzeiten des Wechselrichters wird ein bekanntes Konzept erweitert. Das bekannte Konzept setzt hohe Abtastzeiten für eine effektive Kompensation voraus. Im dem hier zugrundeliegenden System reicht die Abtastzeit für den Einsatz nicht aus. Die vorgestellte Erweiterung ermöglicht eine effektive Kompensation trotz niedriger Abtastzeiten.

Das Ergebnis der vorgestellten Konzepte ist eine effektive und robuste Kompensation der definierten Störungen. Die Kompensationswirkungen sind dabei unabhängig davon, ob die PMSM im Grunddrehzahl- oder im Feldschwächbereich betrieben wird. Zudem ist die Wirkung auch bei allen definierten Störungen gleichzeitig gegeben.

Damit können die Anforderungen an das abzugebende Drehmoment eines elektrischen Antriebs für den Einsatz in einem Lenksystem, auch vor dem Hintergrund immer leiser werdender Fahrzeuge und immer steigender Ansprüche an die haptische Wahrnehmung, erfüllt werden.

Literaturverzeichnis

[1]   Vähning, A.; Gaedke, A.; Heger, M.; Runge, W.; Reuss, H.-C.: Ganzheitliche Wirkungsgradoptimierung von elektromechanischen Lenksystemen. In: 14. Internationaler Kongress, Elektronik im Kraftfahrzeug, VDI Baden-Baden, 2009

[2]   Parassi H.: Feldorientierte Regelung der permanenterregten Synchronmaschine ohne Lagegeber für den gesamten Drehzahlbereich bis zum Stillstand. Dissertation, Technische Universität Ilmenau, 2006

[3]   Kovacs K.P., Racz I.: Transiente Vorgänge in Wechselstrommaschinen. Bd. 1 und 2, Budapest: Verlag der Ungarischen Akademie der Wissenschaften, 1959

[4]   Müller G.: Elektrische Maschinen. Betriebsverhalten rotierender elektrischer Maschinen. VEB Verlag Technik, Berlin, 1989

[5]   Schröder, D.: Elektrische Antriebe 2 - Regelung von Antrieben. Springer Verlag, Berlin, Heidelberg, New York, 1995

[6]   Quang N.P.; Dittrich J.-A.: Praxis der feldorientierten Drehstromantriebsregelungen. Expert Verlag, Renningen-Malmsheim, 2te Auflage, 1999

[7]   Chen S.; Namuduri C.; Mir S.: Controller-Induced Parasitic Torque Ripples in a PM Synchronous Motor. IEEE Transactions on Industry Applications, Vol. 38, No. 5, 2002

[8]   Föllinger O.: Regelungstechnik, Einführung in die Methoden und ihre Anwendung. Hüthig Verlag, Heidelber, 2005

[9]   Holtz, J.: The Representation of AC Machine Dynamics by Complex Signal Flow Graphs. In: IEEE Transactions on Industrial Electronics, Vol. 42, No. 3, 1995

[10]   Clarke E.: Circuit Analysis of AC Power Systems. Vol. I, J. Wiley & sons, New York 1943

[11]   Park R. H.: Two Reaction Theory of Synchronous Machines. In: AIEE Transactions, Vol. 48, 1929, S. 716 bis 730

[12]   Pfeffer P.; Harrer M.: Lenkungshandbuch: Lenksysteme, Lenkgefühl, Fahrdynamik von Kraftfahrzeugen. Vieweg+Teubner Verlag Wiesbaden, Auflage: 2011

[13]   Lunze, J.: Regelungstechnik 1. Springer-Verlag, Berlin, Heidelberg, New York, 2006

[14]   Sworowski, E.; Pötzl, T.; Reuss, H.-C.: Systematische Betrachtung von Störungen im Leistungsfluss elektromechanischer Lenkungen, In: 15. Internationaler Kongress, Elektronik im Kraftfahrzeug, VDI, 2011

[15]   Grolling, C.; Schumacher, W.; Amlang, B.: Modell of Quantization Effects in Current Control for a Synchronous Servo Drive. In: 2007 European Conference on Power Electronics and Applications, Publication Year: 2007, Page(s): 1 - 11

[16]   Grenier, D.; Labrique, F.; Matagne, E.; Buyse, H.: Discretization Effects on the Control of Voltage-Source Inverter-Fed Permanent-Magnet Synchronous Motor Drives. In: Electromotion, no. 4, pp. 155–163, 1997

[17] Jung, H.-S.; Hwang, S.-H.; Kim, J.-M.; Kim, C.-U.; Choi, C.: Diminution of Current-Measurement Error for Vector-Controlled AC Motor Drives. In: IEEE Transactions on Industry Applications 42 (2006), S. 1249–1256.

[18] Acarnley, P.: Current Measurement in Three-Phase Brushless DC Drives, In: IEEE Proceedings-B, Vol.140, 1993

[19] Guang L.; Kurnia A.; Larminat R.; Desmond P.; O'Gorman T.: A Low Torque Ripple PMSM Drive for EPS Applications, In: IEEE Proceedings 2004, S. 1130–1136, 2004

[20] Harke, M. C.; Guerrero, J. M.; Degner, M. W.; Briz, F.; Lorenz, R. D.: Current Measurement Gain Tuning Using High-Frequency Signal Injection. In: IEEE Transactions on Industry Applications 44, S. 1578–1586, 2008

[21] Harke, M. C.; Lorenz, R. D.: The Spatial Effect and Compensation of Current Sensor Differential Gains for Three-Phase Three-Wire Systems. In: IEEE Transactions on Industry Applications 44, S. 1181–1189, 2008

[22] Hill, D. J.; Heins, G.; de Boer, F.; Saunders, B.: Torque Ripple Estimation and Minimisation Independent of Sensor Type, In: Electric Machines & Drives Conference (IEMDC), IEEE International, 2012

[23] Panda, S. K.; Jian-Xin X.; Qian, W.: Review of Torque Ripple Minimization in PM Synchronous Motor Drives, IEEE Proceedings, S. 1–6, 2008

[24] Qian, W.; Panda, S.; Xu, J.-X.: Torque Ripple Minimization in PM Synchronous Motors Using Iterative Learning Control. IEEE Transactions on Power Electronics 19, S. 272–279, 2009

[25] Chung, D.; Sul, S.; Lee, D.: Analysis and Compensation of Current Measurement Error in Vector Controlled AC Motor Drives. IEEE Proceedings, S. 388–393, 1996

[26] Cho, K.-R.; Seok, J.-K.: Correction on Current Measurement Errors for Accurate Flux Estimation of AC Drives at Low Stator Frequency. IEEE Proceedings, S. 845–850, 2007

[27] Cho, K.-R.; Seok, J.-K.: Robust Measurement Disturbance Observer Design for AC Motor Drive Systems with Current Measurement Errors. IEEE Proceedings, S. 1202–1207, 2007

[28] Sworowski, E.; Pötzl, T.; Reuss, H.-C.: Analysis and Compensation of Rotor Position Distortions in Electrical Drives up to the Field Weakening. In: 12. Internationales Stuttgarter Symposium "Automobil und Motorentechnik", FKFS ATZlive, 2012

[29] Liu, G.; Kurnia, A.; De Larminat, R.; Rotter, S. J.: Position Sensor Error Analysis for EPS Motor Drive. In: Applied Power Electronics Conference and Exposition APEC '04, IEEE, Vol. 2, 2004

[30] Hwang, S. H.; Kim, H. J.; Kim, J. M.; Li, H.; Liu, L.: Compensation of Amplitude Imbalance and Imperfect Quadrature In Resolver Signals for PMSM Drives. In: Energy Conversion Congress and Exposition, IEEE, 2009

[31] Mok, H.S.; Kim, S.H.; Cho, Y.H.: Reduction of PMSM Torque Ripple Caused by Resolver Position Error. In: Electronics Letters, IEEE, Vol. 43 , Issue 11, 2007

[32] Sworowski, E.; Pötzl, T.; Reuss, H.-C.: Inverter Dead-Time Compensation up to the Field Weakening Region with Respect to Low Sampling Rates. In: SAE World Congress 2012, SAE International Paper No.: 2012-01-0500, 2012

[33] Choi, J.-W.; Yong, S.I.; Sul, S.-K.: Inverter Output Voltage Synthesis Using Novel Dead Time Compensation. APEC '94 Conference Proceedings, Ninth Annual Page(s): 100 - 106 vol.1, 1994

[34] Choi, J.-W.; Sul, S.-K.: A New Compensation Strategy Reducing Voltage-Current Distortion in PWM VSI Systems Operating With Low Output Voltages. In: IEEE Trans. Industry Applications, Volume: 31, Issue: 5, Page(s): 1001 - 1008, 1995

[35] Zhao, H.; Wu, Q.M.J.; Kawamura, A.: An Accurate Approach of Nonlinearity Compensation for VSI Inverter Output Voltage. In: IEEE Trans. Power Electronics, Volume: 19, Issue: 4, Page(s): 1029 – 1035, 2004

[36] Attaianese, C.; Tomasso, G.: Predictive Compensation of Dead-Time Effects in VSI Fee-ding Induction Motors. In: IEEE Trans. Industry Applications, Volume: 37, Issue: 3, Page(s): 856 - 863, 2001

[37] Wang, G.L.; Xu, D.G.; Yu, Y.: A Novel Strategy of Dead-Time Compensation for PWM Voltage-Source Inverter. In: Twenty-Third Annual IEEE Applied Power Electronics Conference and Exposition, APEC 2008, Page(s): 1779 - 1783, 2008

[38] Sepe, R.B.; Lang, J.H.: Inverter Nonlinearities and Discrete-Time Vector Current Control. In: IEEE Trans. Industry Applications, Volume: 30, Issue: 1 Page(s): 62 - 70, 1994

[39] Sukegawa, T.; Kamiyama, K.; Matsui, T.; Okuyama, T.: Fully Digital, Vector-Controlled PWM VSI-Fed AC Drives with an Inverter Dead-Time Compensation Strategy. In: Conference Record of the 1991 IEEE Industry Applications Society Annual Meeting, Page(s): 463 - 469 vol.1, 1991

[40] Munoz-Garcia, A.; Lipo, T.A.: Online Dead-Time Compensation Technique for Open-Loop PWM-VSI Drives. In: Applied Power Electronics Conference and Exposition, APEC '98, Conference Proceedings, Volume: 1, Page(s): 95 - 100, 1998

[41] Blaabjerg, F.; Pedersen, J.K.; Thoegersen, P.: Improved Modulation Techniques for PWM–VSI Drives. In: IEEE Trans. Industrial Electronics Volume: 44, Issue: 1 Page(s): 87 - 95, 1997

[42] Kim, H.-S.; Moon, H.-S.; Youn, M.-J.: On-Line Dead-Time Compensation Method Using Disturbance Observer. In: IEEE Trans. Power Electronics 18 (6), S. 1336–1345, 2003

[43] Urasaki, N.; Senjyu, T.; Uezato, K.; Funabashi, T.: An Adaptive Dead-Time Compensation Strategy for Voltage Source Inverter Fed Motor Drives. In: IEEE Trans. Power Electronics 20 (5), Page(s): 1150–1160, 2005

[44] Urasaki, N.; Senjyu, T.; Kinjo, T.; Funabashi, T.; Sekine, H.: Dead-Time Compensation Strategy for Permanent Magnet Synchronous Motor Drive Taking Zero Current Clamp and Parasitic Capacitance Effects Into Account. In: IEE Proceedings Electric Power Applications, Volume: 152, Issue: 4, Page(s): 845 – 853, 2005

[45] Hwang, S.-H.; Kim, K.M.: A Dead Time Compensation Method in Voltage-Fed PWM Inverter. In: IEEE Trans. Energy Conversion, Volume: 25, Issue: 1, Page(s): 1 - 10, 2012

[46] Leggate, D.; Kerkman, R.J.: Pulse Based Dead Time Compensator for PWM Volt-
      age Inverters. In: Proceedings of the 1995 IEEE IECON 21st International Confer-
      ence on Industrial Electronics, Control, and Instrumentation, Volume: 1, Page(s):
      474 - 481, 1995

[47] Murai, Y.; Watanabe, T.; Iwasaki, H.: Waveform Distortion and Correction Circuit
      for PWM Inverters with Switching Lag-Times. In: IEEE Trans. Industry Applica-
      tions, Volume: IA-23, Issue: 5, Page(s): 881 - 886, 1987

[48] Lin, J.: A New Approach of Dead-Time Compensation for PWM Voltage Inverters.
      In: IEEE Trans. Circuits and Systems I: Fundamental Theory and Applications,
      Volume: 49, Issue: 4, Page(s): 476 - 483, 2002

[49] Kuckuck, C.; Sworowski, E.; Kasper, R.: Analyse und Kompensation von Strom-
      messfehlern im Regelkreis elektrischer Antriebe. Bachelorarbeit an der Otto-von-
      Guericke-Universität, Magdeburg, 2012

[50] Lunze, J.: Regelungstechnik 2. Springer-Verlag, Berlin, Heidelberg, New York,
      2006

[51] Sworowski E.: Anpassung von beobachterbasierten Kompensationsmethoden an
      Referenzwertsprünge. ZF Lenksysteme GmbH, Schwäbisch Gmünd, 2012

[52] Oppenheim, A.; Schafer, R.: Zeitdiskrete Signalverarbeitung. 3. Auflage, Olden-
      bourg Verlag, München, 1999

[53] Kiencke, U.; Schwarz, M.; Weickert, T.: Signalverarbeitung - Zeit-Frequenz-
      Analyse und Schätzverfahren. Oldenbourg Verlag, München, 2008